바쁜 친구들이 즐거워지는 빠른 학습법 — 나 혼자 풀이 기본서

교육연구소 최순미 지음

나 혼자 푼다!
수학 문장제

초등
4-1

새 교육과정 완벽 반영!
1학기 교과서 순서와 똑같아
공부하기 좋아요!

이지스에듀

저자 소개

최순미 선생님은 징검다리 교육연구소의 대표 저자입니다. 이지스에듀에서 《바쁜 5·6학년을 위한 빠른 연산법》과 《바쁜 3·4학년을 위한 빠른 연산법》, 《바쁜 1·2학년을 위한 빠른 연산법》 시리즈를 집필, 새로운 교육과정에 걸맞은 연산 교재로 새 바람을 불러일으켰습니다. 지난 20여 년 동안 EBS, 두산동아, 디딤돌, 대교 등과 함께 100여 종이 넘는 교재 개발에 참여해 왔으며 《EBS 초등 기본서 만점왕》, 《EBS 만점왕 평가문제집》 등의 참고서 외에도 《눈높이 수학》, 《철저반복 연산》 등 수십 종의 연산 교재 개발에 참여해 온, 초등 수학 전문 개발자입니다.

징검다리 교육연구소는 적은 시간을 투입해도 오래 기억에 남는 학습의 과학을 생각하는 이지스에듀의 공부 연구소입니다. 아이들이 기계적으로 공부하지 않고, 두뇌가 활성화되는 과학적 학습 설계가 적용된 책을 만듭니다.

바쁜 초등학생을 위한 빠른 학습법 - 바빠 시리즈

나 혼자 푼다! 수학 문장제 - 4학년 1학기

초판 1쇄 발행 | 2018년 2월 7일
초판 7쇄 발행 | 2025년 1월 10일
지은이 | 징검다리 교육연구소 최순미
발행인 | 이지연
펴낸곳 | 이지스퍼블리싱(주)
출판사 등록번호 | 제313-2010-123호
주소 | 서울시 마포구 잔다리로 109 이지스빌딩 4, 5층 (우편번호 04003)
대표전화 | 02-325-1722   **팩스** | 02-326-1723
이지스퍼블리싱 홈페이지 | www.easyspub.com   **이지스에듀 카페** | www.easysedu.co.kr
바빠 아지트 블로그 | blog.naver.com/easyspub   **트위터** | @easyspub
페이스북 | www.facebook.com/easyspub2014   **이메일** | service@easyspub.co.kr

기획 및 책임 편집 | 최순미, 박지연, 정지연, 조은미, 김현주, 이지혜   **일러스트** | 김학수, 아이에스
표지 디자인 | 김학수, 이근공, 손한나   **내지 디자인** | 아이에스   **전산편집** | 아이에스   **인쇄** | 보광문화사
영업 및 문의 | 이주동, 김요한(support@easyspub.co.kr)   **독자 지원** | 박애림, 김수경   **마케팅** | 라혜주

ISBN 979-11-88612-75-8 64410
ISBN 979-11-87370-61-1(세트)
가격 9,000원

• **이지스에듀**는 이지스퍼블리싱(주)의 교육 브랜드입니다.

문장제도 나 혼자 푼다!

 문장제는 계산력과 이해력, 독해력이 모두 필요합니다.

연산 문제는 잘 풀던 친구들도 문장제를 처음 접하면, 어렵다고 느끼곤 합니다.

문장제가 왜 어려울까요? 문장제를 풀려면 계산력뿐 아니라 문제를 읽고 이해하는 능력이 필요하기 때문입니다.

이해력과 독해력을 키우는 가장 효과적인 방법은 꾸준한 독서입니다. 하지만 당장 교과서 수학 문장을 이해하는 게 힘들다면, 이 책의 도움이 필요합니다.

초등학교 고학년은 수학에 대한 기초를 다지고 흥미를 붙일 수 있는 매우 중요한 시기입니다. 이 시기에 수학의 기본을 잘 다진다면 중학생이 되어서도 수학을 잘할 수 있습니다.

 나 혼자서 풀 수 있는 수학 문장제 책입니다.

나 혼자 푼다! 수학 문장제는 어떻게 하면 수학 문장제를 연산 풀듯 쉽게 풀 수 있을지 고민하며 만든 책입니다. 이 책에는 쓸데없이 꼬아 놓은 문제나 학생들을 탈락시키기 위한 문제가 없습니다.

이 책은 조금씩 수준을 높여 도전하게 하는 '작은 발걸음 방식(스몰스텝)'으로 문제를 구성했습니다. 4학년이라면 누구나 쉽게 도전할 수 있는 단답형 문제부터 학교 시험 문장제까지, 서서히 빈칸을 늘려 가며 풀이 과정과 답을 쓰도록 구성했습니다.

스스로 문제를 해결하는 과정에서 성취를 맛보게 되며, 수학에 대한 흥미를 높일 수 있습니다!

높은 계단은 오르기 힘들어도, 낮은 계단은 쉽게 오를 수 있어요!

1학기 교과서 순서와 똑같은 또 하나의 익힘책입니다.

이 책은 개정된 1학기 교과서의 내용과 순서가 똑같습니다. 그러므로 예습을 하거나 복습을 할 때 편리합니다. **나 혼자 푼다! 수학 문장제**는 1학기 수학 교과서 전 단원의 대표 유형을 모아, 문장제로 익힘책을 한 번 더 푼 효과를 줍니다. 개념이 녹아 있는 문장제로 훈련해, 이 책만 다 풀어도 1학기 수학의 기본 개념이 모두 잡힙니다!

 '생각하며 푼다!'를 통해 문제 해결 순서는 물론 서술형까지 훈련됩니다.

나 혼자 푼다! 수학 문장제는 문제 해결 순서를 생각하면서 풀도록 구성되었습니다. 빈칸을 채우면 답이 생각나고 문제를 해결하는 순서가 몸에 밸뿐 아니라 서술형에도 도움이 됩니다. 또한, 이 책에서는 주어진 조건과 구하는 것을 표시하는 훈련을 하게 됩니다. 이 훈련을 마치면, 긴 문장이라도 문제를 파악할 수 있는 수학 독해력을 기를 수 있습니다.

 수학은 혼자 푸는 시간이 꼭 필요합니다!

수학은 혼자 푸는 시간이 꼭 필요합니다. 운동도 누군가 거들어 주면 근력이 생기지 않듯이, 누군가의 설명을 들으며 푼다면 사고력 근육은 생기지 않습니다. 그렇다고 문제가 너무 어려우면 혼자서 풀기 힘듭니다.

나 혼자 푼다! 수학 문장제는 쉽게 풀 수 있는 기초 문장제부터 학교 시험 문장제까지 단계적으로 구성한 책으로, 스스로 도전하고 성취를 맛볼 수 있습니다. 문장제는 충분히 생각하며 한 문제라도 정확히 풀어야겠다는 마음가짐이 필요합니다. 누군가가 대신 풀어주길 기다리지 마세요! 차근차근 스스로 문제를 푸는 연습을 하세요.

혼자서 문제를 해결하면 수학에 자신감이 생기고, 어느 순간 수학적 사고력도 향상되는 효과를 볼 수 있습니다. 이렇게 만들어진 문제 해결력과 수학적 사고력은 고학년 수학을 잘 하기 위한 디딤돌이 됩니다.

'나 혼자 푼다! 수학 문장제' 구성과 특징

1. 혼자 푸는데도 선생님이 옆에 있는 것 같아요!

수 또는 그림을 보고 빈칸을 채우며 교과서 기본 개념을 익힙니다. 혼자서도 충분히 풀 수 있도록 대화식 도움말도 담았습니다.

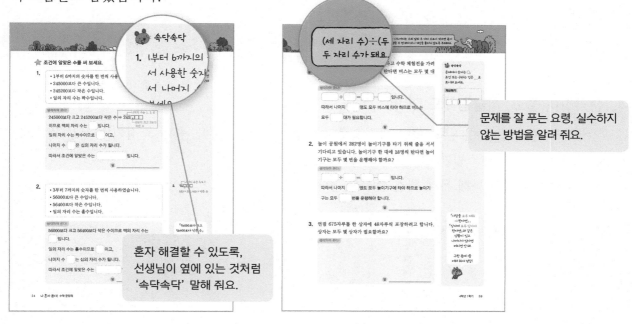

문제를 잘 푸는 요령, 실수하지 않는 방법을 알려 줘요.

혼자 해결할 수 있도록, 선생님이 옆에 있는 것처럼 '속닥속닥' 말해 줘요.

2. 교과서 대표 유형 집중 훈련!

교과서의 핵심적인 문제들이 유형별로 정리되어 있습니다. 같은 유형으로 집중 연습해서 익숙해지도록 도와줍니다.

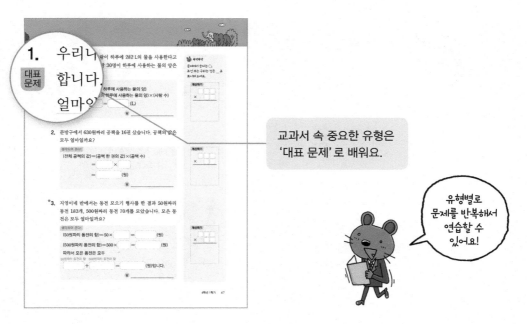

교과서 속 중요한 유형은 '대표 문제'로 배워요.

유형별로 문제를 반복해서 연습할 수 있어요!

3. 문제 해결의 실마리를 찾는 훈련! — 숫자는 ◯, 조건 또는 구하는 것은 ___로 표시해 보세요.

문장제를 잘 풀기 위해서는 무엇을 묻는지를 먼저 파악해야 해요. '나 혼자 푼다! 수학 문장제'의 대표 문제에서는 단서 찾기 연습을 합니다. 이처럼 문제를 볼 때 조건과 구하는 것을 찾으며 읽도록, 연필을 들고 밑줄 치며 적극적으로 풀어 보세요.

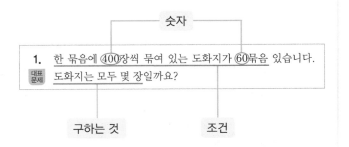

4. 생각하며 풀고, 서술형에도 대비!

혼자서도 충분히 쓸 수 있는 풀이 과정으로 자신감을 키워 줍니다. 풀이 과정의 빈칸을 스스로 채우다 보면 답으로 자연스럽게 연결되도록 구성했습니다.

'생각하며 푼다!'를 통해 문제 해결 순서를 몸에 익히세요.

5. 시험에 자주 나오는 문제로 마무리!

1학기 교과서 전 단원의 대표 유형을 모두 담아서, 이 책만 다 풀어도 학교 시험 대비 문제없어요!

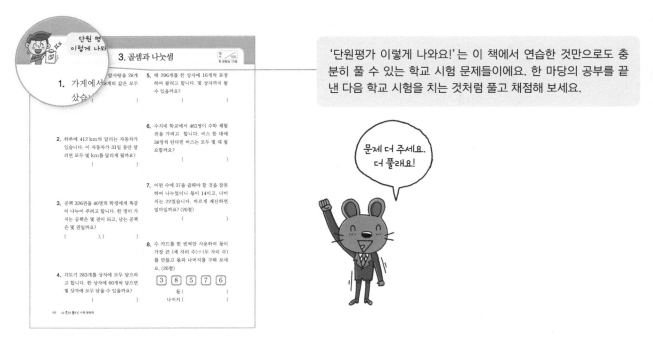

'단원평가 이렇게 나와요!'는 이 책에서 연습한 것만으로도 충분히 풀 수 있는 학교 시험 문제들이에요. 한 마당의 공부를 끝낸 다음 학교 시험을 치는 것처럼 풀고 채점해 보세요.

'나 혼자 푼다! 수학 문장제' 이렇게 공부하세요.

❖ 학기 중에 교과서 진도에 맞추어 공부하려면?

'나 혼자 푼다! 수학 문장제'는 개정된 교과서의 모든 단원을 다루었습니다. 그리고 교과서의 필수 문장제를 모았습니다.

교과서 개념을 확인하는 기초 문제부터 익힘책 문장제, 학교 시험 대비 문장제를 차례로 풀면서 스스로 이해할 수 있게 구성하였습니다. 한 마당을 모두 공부한 후 '단원평가 이렇게 나와요!' 코너로 학교 시험에도 대비할 수 있습니다!

교과서 개념 기초 문제 ➡ 익힘책 문장제 ➡ 학교 시험 대비 문장제

교과서로 공부하고 문장제에 도전하면 개념이 저절로 복습이 될 거예요. 하루 2쪽씩, 일주일에 4번 공부하는 것을 목표로, 계획을 세워 보세요.

❖ 방학 때 공부하려면?

한 과씩 풀면 23일에 완성할 수 있습니다. 방학 동안에 문장제로 1학기 수학을 정리할 수 있습니다. 하루에 1과(4쪽)씩 풀면서 학습 내용을 머릿속에 정리하세요. 자신 있다면 1~2과씩 공부해도 좋아요. 한 걸음 더 나가고 싶다면 풀이 과정을 보지 않고 연습장에 스스로 써 보는 연습을 하세요.

❖ 문제는 이해되는데, 연산 실수가 잦다면?

문제를 이해하고 식은 세워도 연산 실수가 잦다면, 연산 훈련을 함께하는 것이 좋습니다! 3·4학년 덧셈, 뺄셈, 곱셈, 나눗셈을 각각 한 권으로 정리한 '바쁜 3·4학년을 위한 빠른 연산법' 시리즈로 취약한 연산을 빠르게 보강해 보세요. 특히 4학년은 나눗셈을 어려워하는 경우가 많으니 '나눗셈 편'으로 점검해 보세요. 단기에 완성할 수 있어요. 7일이면 연산의 정확성이 높아집니다.

4학년은
'나눗셈 편'을 더
많이 풀어요!

바빠 연산법 3·4학년 시리즈

 목차

교과서 단원을
확인하세요~

1. 큰 수

2. 각도

3. 곱셈과 나눗셈

4. 평면도형의 이동

5. 막대그래프

6. 규칙 찾기

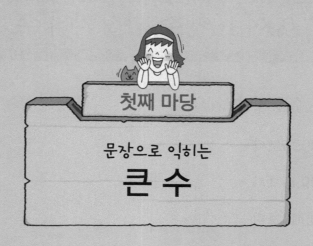

첫째 마당

문장으로 익히는
큰 수

첫째 마당에서는 다섯 자리 이상의 큰 수 만, 억, 조를 이용한 문장제를 배웁니다.

만 원짜리 지폐에서 '만'이 바로 다섯자리 수예요.

큰 수가 나오는 생활 속 문장제를 풀어 보세요.

먼저 큰 수를 정확하게
읽고 쓰는 연습을 한 후
문장제에 도전해 보세요!

⭐ ☐ 안에 알맞은 수를 써넣으세요.

1.

10000은
┌ 9999보다 [1] ┐
├ 9990보다 [ ] ┤ 큰 수입니다.
├ 9900보다 [ ] ┤
└ 9000보다 [ ] ┘

2. 1만은 1000이 ☐ 인 수입니다.

3. 10만은 1만이 ☐ 인 수입니다.

4. 100만은 1만이 ☐ 인 수입니다.

5. 1000만은 1만이 ☐ 인 수입니다.

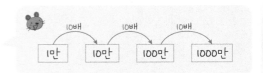

🐭
1만 —10배→ 10만 —10배→ 100만 —10배→ 1000만

6. 만 원짜리 지폐 ☐ 장은 10만 원입니다.

7. 만 원짜리 지폐 ☐ 장은 100만 원입니다.

8. 만 원짜리 지폐 ☐ 장은 1000만 원입니다.

수를 읽을 때 자리의 숫자가 0인 경우에는 읽지 않아요.
12305 → 만 이천삼백영십오(✗), 만 이천삼백오(◯)
일의 자리는 자릿값을 붙이지 않고 숫자만 읽어요.

⭐ 설명하는 수를 쓰고 읽어 보세요.

1.

10000이 8, 100이 5, 1이 3인 수

8	0	5	0	3
만	천	백	십	일

쓰기 ___80503___ 또는 ___8만 503___

읽기 ___팔만 오백삼___

🐭 큰 수를 읽을 때는 만 단위로 띄어쓰기해요.

2.

10000이 6, 1000이 9, 10이 2인 수

쓰기 _____ 또는 _____

읽기 _____

3.

100만이 5, 10만이 2, 만이 9인 수

쓰기 _____ 또는 _____

읽기 _____

4.

100만이 27, 10만이 4, 만이 6인 수

🐭 100만이 27이면 27000000

쓰기 _____ 또는 _____

읽기 _____

5.

100만이 83, 10만이 5, 만이 7인 수

쓰기 _____ 또는 _____

읽기 _____

1. 수 카드를 한 번씩만 사용하여 가장 큰 여섯 자리 수를 만들어 보세요.

0	6	3	7	9	5

🐭 속닥속닥

1. 먼저 6개의 수의 크기를 비교해 보세요.
→ 9>7>6>5>3>0

생각하며 푼다!

여섯 자리 수를 만들면 □□□□□□입니다. 따라서 □ 안에 큰
　　　　　　　　　　만

수부터 차례로 써넣으면 구하는 수는 [　　　　　]입니다.

답 ＿＿＿＿＿＿＿＿＿

2. 수 카드를 한 번씩만 사용하여 만의 자리 숫자가 5인 가장 큰 다섯 자리 수를 만들어 보세요.

2	5	6	1	8

생각하며 푼다!

만의 자리 숫자가 5인 다섯 자리 수를 만들면 5□□□□입니다. 따라서 □ 안에 나머지 수를 큰 수부터 차례로 써넣으면 구하는 수는 [　　　　　]입니다.

답 ＿＿＿＿＿＿＿＿＿

★3. 수 카드를 한 번씩만 사용하여 천만의 자리 숫자가 3인 가장 큰 여덟 자리 수를 만들어 보세요.

1	2	3	4	5	6	7	8

생각하며 푼다!

천만의 자리 숫자가 3인 여덟 자리 수를 만들면
□□□□□□□□입니다. 따라서 □ 안에 나머지 수를 큰 수
　　만

부터 차례로 써넣으면 구하는 수는 [　　　　　　]입니다.

답 ＿＿＿＿＿＿＿＿＿

1. 수 카드를 한 번씩만 사용하여 가장 작은 다섯 자리 수를 만들어 보세요.

$$\boxed{3} \quad \boxed{6} \quad \boxed{0} \quad \boxed{4} \quad \boxed{8}$$

0은 맨 앞자리에 올 수 없으므로 $\boxed{천}$ 의 자리가 0인 다섯 자리

수를 만들면 $\square\boxed{}\square\square\square$입니다. 따라서 $\square$ 안에 나머지 수를

작은 수부터 차례로 써넣으면 구하는 수는 $\boxed{}$입니다.

답 _____

2. 수 카드를 한 번씩만 사용하여 만의 자리 숫자가 4인 가장 작은 다섯 자리 수를 만들어 보세요.

$$\boxed{2} \quad \boxed{4} \quad \boxed{7} \quad \boxed{1} \quad \boxed{9}$$

답 _____

★**3.** 수 카드를 한 번씩만 사용하여 십만의 자리 숫자가 7인 가장 작은 일곱 자리 수를 만들어 보세요.

$$\boxed{1} \quad \boxed{5} \quad \boxed{9} \quad \boxed{2} \quad \boxed{7} \quad \boxed{3} \quad \boxed{6}$$

십만의 자리 숫자가 7인 일곱 자리 수를 만들면

$\square\boxed{}\underset{만}{\square}\square\square\square\square$입니다. 따라서 $\square$ 안에 나머지 수를 작은 수

부터 차례로 써넣으면 구하는 수는 $\boxed{}$입니다.

답 _____

속닥속닥

1. 가장 작은 수를 만들 때 0은 맨 앞자리에 올 수 없어요. 두 번째로 높은 자리에 0을 놓고, 나머지 수들을 작은 수부터 차례로 놓아요.

02. 억과 조

🐭 속닥속닥

1000만이 10인 수를 100000000 또는 1억이라 쓰고 1억은 억 또는 일억이라고 읽어요.

1. ☐ 안에 알맞은 수를 써넣으세요.

(1)

1억은 ┌─ 9999만보다 [1만] ─┐
       ├─ 9990만보다 [   ] ─┤   큰 수입니다.
       ├─ 9900만보다 [   ] ─┤
       └─ 9000만보다 [   ] ─┘

(2) 10억은 1억이 [   ] 인 수입니다.

(3) 100억은 1억이 [   ] 인 수입니다.

(4) 1000억은 1억이 [   ] 인 수입니다.

2. 1억 원이 얼마만큼인지 다양한 수로 나타내려고 합니다. ☐ 안에 알맞은 수를 써넣으세요.

(1) 1억 원은 1원의 [1억] 배입니다.

(2) 1억 원은 10원의 [1000만] 배입니다.

(3) 1억 원은 100원의 [   ] 배입니다.

(4) 1억 원은 1000원의 [   ] 배입니다.

(5) 1억 원은 10000원의 [   ] 배입니다.

(6) 1억 원은 10만 원의 [   ] 배입니다.

(7) 1억 원은 100만 원의 [   ] 배입니다.

(8) 1억 원은 1000만 원의 [   ] 배입니다.

1. ☐ 안에 알맞은 수를 써넣으세요.

🐻 속닥속닥

1000억이 10인 수를 1000000000000 또는 1조라 쓰고 1조는 조 또는 일조라 고 읽어요.

(1)

1조는

- 9999억보다 ☐
- 9990억보다 ☐
- 9900억보다 ☐
- 9000억보다 ☐

큰 수입니다.

(2) 10조는 1조가 ☐ 인 수입니다.

(3) 100조는 1조가 ☐ 인 수입니다.

(4) 1000조는 1조가 ☐ 인 수입니다.

2. 1조 원이 얼마만큼인지 다양한 수로 나타내려고 합니다. ☐ 안에 알맞은 수를 써 넣으세요.

(1) 1조 원은 1원의 ☐ 배입니다.

(2) 1조 원은 10원의 ☐ 배입니다.

(3) 1조 원은 100원의 ☐ 배입니다.

(4) 1조 원은 1000원의 ☐ 배입니다.

(5) 1조 원은 10000원의 ☐ 배입니다.

(6) 1조 원은 10억 원의 ☐ 배입니다.

(7) 1조 원은 100억 원의 ☐ 배입니다.

(8) 1조 원은 1000억 원의 ☐ 배입니다.

1. 보기 와 같이 수로 나타내어 보세요.

보기 7145263891075962
조 억 만 일
➡ 7145조 2638억 9107만 5962

일의 자리에서부터 네 자리씩 끊어 읽어요.

7	1	4	5	2	6	3	8	9	1	0	7	5	9	6	2
천	백	십	일	천	백	십	일	천	백	십	일	천	백	십	일
		조				억				만				일	

(1) 981534657 ➡ _____

(2) 19580412798600 ➡ _____

(3) 583074265839135 ➡ _____

2. 보기 와 같이 수로 나타내어 보세요.

보기 36조 5024억 63만 924 ➡ 36502400630924

(1) 652조 4092억 ➡ _____

(2) 4852조 376억 9000만 ➡ _____

(3) 3조 28억 194만 5924 ➡ _____

⭐ 설명하는 수를 쓰고 읽어 보세요.

🐭 큰 수를 읽는 방법
1. 일의 자리부터 네 자리씩 나누어요.
2. 단위는 만, 억, 조를 사용해요.
3. 왼쪽부터 차례대로 읽어요.

1.

억이 3245인 수

쓰기   324500000000   또는   3245억
_____   _____

읽기
_____

2.

억이 806, 만이 1749, 일이 28인 수

쓰기 _____ 또는 _____

읽기
_____

3.

조가 2156, 억이 7463, 만이 8003인 수

쓰기 _____ 또는 _____

읽기
_____

4.

조가 93, 억이 2845, 만이 6294, 일이 3752인 수

쓰기 _____ 또는 _____

읽기
_____

03. 뛰어 세기

빈칸에 알맞은 수나 말을 써넣으세요.

1.

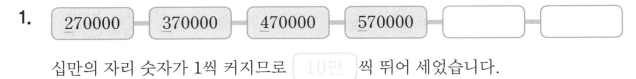

| 270000 | 370000 | 470000 | 570000 | | |

십만의 자리 숫자가 1씩 커지므로 [10만] 씩 뛰어 세었습니다.

2.

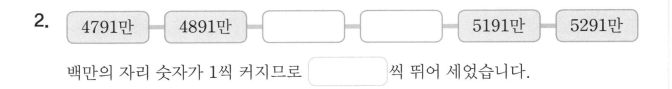

| 4791만 | 4891만 | | | 5191만 | 5291만 |

백만의 자리 숫자가 1씩 커지므로 [　　　] 씩 뛰어 세었습니다.

3.

| 382억 | 392억 | | 412억 | | 432억 |

십억의 자리 숫자가 1씩 커지므로 [　　] 씩 뛰어 세었습니다.

4.

| 56조 | 57조 | 58조 | | 60조 | |

[일조] 의 자리 숫자가 1씩 커지므로 [　] 씩 뛰어 세었습니다.

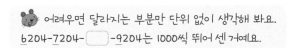

어려우면 달라지는 부분만 단위 없이 생각해 봐요.
6204-7204-[　　]-9204는 1000씩 뛰어 센 거예요.

★5.

| 18조 6204억 | 18조 7204억 | | 18조 9204억 | | 19조 1204억 |

[　　] 의 자리 숫자가 1씩 커지므로 [　　　] 씩 뛰어 세었습니다.

1. 6127만에서 10만씩 4번 뛰어 센 수를 구하세요.

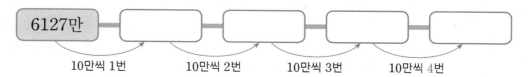

| 6127만 | | | | |

10만씩 1번   10만씩 2번   10만씩 3번   10만씩 4번

➡ 6127만에서 10만씩 4번 뛰어 센 수는 [   ] 입니다.

2. 4억 7500만에서 1000만씩 4번 뛰어 센 수를 구하세요.

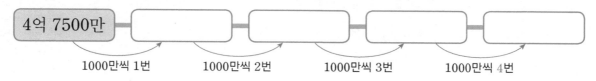

| 4억 7500만 | | | | |

1000만씩 1번   1000만씩 2번   1000만씩 3번   1000만씩 4번

➡ 4억 7500만에서 [1000만씩 4번] 뛰어 센 수는 [   ] 입니다.

3. 683조에서 100조씩 6번 뛰어 센 수를 구하세요.

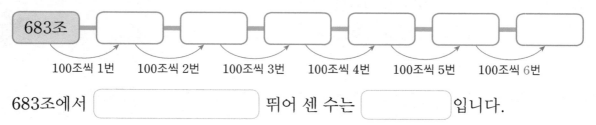

| 683조 | | | | | | |

100조씩 1번   100조씩 2번   100조씩 3번   100조씩 4번   100조씩 5번   100조씩 6번

683조에서 [   ] 뛰어 센 수는 [   ] 입니다.

4. 28조 930억에서 10조씩 6번 뛰어 센 수를 구하세요.

1. 은서네 가족은 3월부터 매월 50000원씩 기부하기로 하였습니다. 8월까지 기부한 금액은 모두 얼마가 될까요?

대표문제

생각하며 푼다!

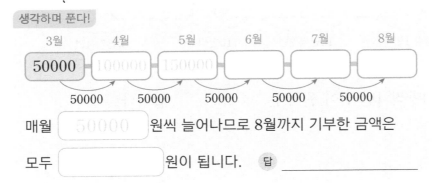

| 3월 | 4월 | 5월 | 6월 | 7월 | 8월 |

50000 → 100000 → 150000 → □ → □ → □

50000 50000 50000 50000 50000

매월 [50000] 원씩 늘어나므로 8월까지 기부한 금액은

모두 [   ] 원이 됩니다.   답 _____

2. 진호네 가족은 1월부터 매월 20만 원씩 저금하기로 하였습니다. 6월까지 저금한 금액은 모두 얼마가 될까요?

생각하며 푼다!

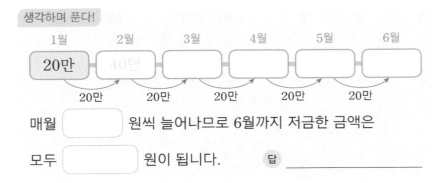

| 1월 | 2월 | 3월 | 4월 | 5월 | 6월 |

20만 → 40만 → □ → □ → □ → □

20만 20만 20만 20만 20만

매월 [   ] 원씩 늘어나므로 6월까지 저금한 금액은

모두 [   ] 원이 됩니다.   답 _____

★3. 민준이는 지금까지 16000원을 저금하였습니다. 앞으로 매월 20000원씩 저금한다면 5달 후에 저금한 금액은 모두 얼마가 될까요?

생각하며 푼다!

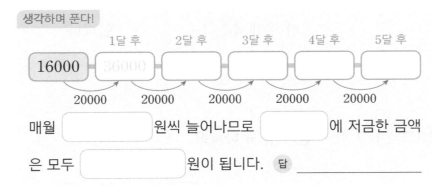

| 1달 후 | 2달 후 | 3달 후 | 4달 후 | 5달 후 |

16000 → 36000 → □ → □ → □ → □

20000 20000 20000 20000 20000

매월 [   ] 원씩 늘어나므로 [   ] 에 저금한 금액

은 모두 [   ] 원이 됩니다.   답 _____

속닥속닥

문제에서 수는 ○,
조건 또는 구하는 것은 ___로
표시해 보세요.

큰 수는 몇씩 몇 번
뛰어 세기를
하는 건지 헷갈려.

50000원씩이면
만의 자리가
5씩 커지고,
20만 원씩이면
십만의 자리가
2씩 커지고,
이게 몇씩에 해당돼.

몇 번은 이거야.
3월부터 8월까지는
6번, 1월부터
5월까지는 5번!

1. 지한이가 어머니 생신 선물을 사기 위해 필요한 돈은 5만 원입니다. 매월 1만 원씩 모은다고 할 때 선물을 사는 데 필요한 돈을 모으려면 얼마나 걸릴까요?

대표
문제

> **생각하며 푼다!**
>
> 매월 [1만] 원씩 늘어나므로 [ ] 개월 후에는 필요한 금액 5만 원을 모을 수 있습니다. 따라서 선물을 사는 데 필요한 돈을 모으려면 [ ] 개월이 걸립니다.
>
> 답 _____

2. 경수네 가족이 여행을 가는 데 필요한 돈은 80만 원입니다. 매월 10만 원씩 모은다고 할 때 경수네 가족이 여행에 필요한 돈을 모으려면 얼마나 걸릴까요?

> **생각하며 푼다!**
>
> 매월 [   ] 원씩 늘어나므로 [ ] 개월 후에 필요한 금액 80만 원을 모을 수 있습니다. 따라서 여행에 필요한 돈을 모으려면 [ ] 개월이 걸립니다.
>
> 답 _____

3. 연필 공장에서 기념품용 연필 200만 자루를 주문 받았습니다. 매일 20만 자루씩 만든다고 할 때 주문 받은 연필을 만들려면 얼마나 걸릴까요?

> **생각하며 푼다!**
>
> 매일 [   ] 자루씩 늘어나므로 [   ] 일 후에 필요한 연필 200만 자루를 만들 수 있습니다.
>
> 따라서 주문 받은 [   ] 을 만들려면 [   ] 일이 걸립니다.
>
> 답 _____

속닥속닥

문제에서 수는 ○,
조건 또는 구하는 것은 ___로
표시해 보세요.

1. ☐ 0
↓ 1개월 후
1만
↓ 2개월 후
2만
↓ 3개월 후
3만
↓ 4개월 후
4만
↓ 5개월 후
5만

매월 모으는 돈이
뛰어 센 수가
되는 거였어.

단위를 빼고 생각하면
훨씬 쉬워.
1씩 뛰어서 5가 되려면?
10씩 뛰어서
80이 되려면?
20씩 뛰어서
200이 되려면?
아하!

1. 0부터 9까지의 수 중에서 □ 안에 들어갈 수 있는 수를 모두 써 보세요.

> 6286719453 < 628□407348

생각하며 푼다!

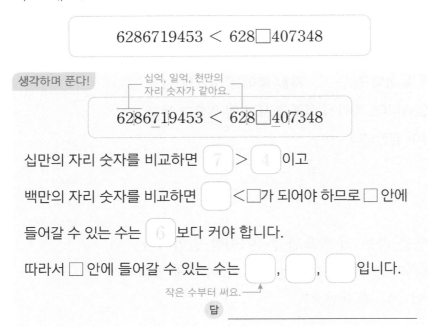

십만의 자리 숫자를 비교하면 ⁷ > ⁴ 이고

백만의 자리 숫자를 비교하면 ☐ <□가 되어야 하므로 □ 안에

들어갈 수 있는 수는 ⁶ 보다 커야 합니다.

따라서 □ 안에 들어갈 수 있는 수는 ☐ , ☐ , ☐ 입니다.

작은 수부터 써요. →

답 _____

2. 0부터 9까지의 수 중에서 □ 안에 들어갈 수 있는 수를 모두 써 보세요.

> 592360382574 > 592□39714318

생각하며 푼다!

천억, 백억, 십억의 자리 숫자가 같아요.

592360382574 > 592□39714318

천만의 자리 숫자를 비교하면 ⁶ > ☐ 이고

일억의 자리 숫자를 비교하면 ☐ >□가 되어야 하므로 □ 안에

들어갈 수 있는 수는 ☐ 과 같거나 ☐ 보다 작아야 합니다.

따라서 □ 안에 들어갈 수 있는 수는 ☐ , ☐ , ☐ , ☐
입니다.

답 _____

아무리 큰 수라 하더라도 크기 비교는 문제없어! 먼저 일의 자리부터 네 자리씩 끊어 자릿수를 비교한 다음, 자릿수가 같으면 높은 자리의 숫자부터 차례로 비교하면 돼.

1. 어느 도시의 인구가 더 많을까요?

행복 도시의 인구수	사랑 도시의 인구수
416259명	395873명

생각하며 푼다!

자릿수가 같으면 가장 [높]은 자리의 수부터 차례로 비교합니다.

가장 높은 자리인 [십만] 자리 숫자가 [4] > [ ]이므로

[ ] 도시의 인구가 더 많습니다. 답 _____

2. 어느 공장의 냉장고 생산량이 더 많을까요?

㉮ 공장의 냉장고 생산량	㉯ 공장의 냉장고 생산량
10732058대	9861327대

생각하며 푼다!

자릿수가 다르면 자릿수가 [많]은 쪽이 더 큽니다.

자릿수를 비교하면 ㉮ 공장은 [8] 자리이고, ㉯ 공장은 [ ] 자

리이므로 [ ] 공장의 냉장고 생산량이 더 많습니다.

답 _____

3. 어느 회사의 작년 매출액이 더 많을까요?

㉮ 회사의 작년 매출액	㉯ 회사의 작년 매출액
693조 8230억	710조 60억

생각하며 푼다!

가장 높은 자리인 [ ] 자리 숫자가 [ ] < [ ]이므로

[_____]이 더 많습니다.

답 _____

속닥속닥

문제에서 숫자는 ○,
조건 또는 구하는 것은 ___로
표시해 보세요.

1. 416259○395873
　(6자리 수)　　(6자리 수)

2. 생산량은 물건을 만들어
　내는 양을 뜻해요.

　10732058○9861327

3. 매출액은 물건을 내다 팔
　아서 생긴 돈을 말해요.

⭐ 조건에 알맞은 수를 써 보세요.

속닥속닥

1. 1부터 6까지의 숫자 중에서 사용한 숫자는 지우면서 나머지 수를 생각해 보세요.

1.

- 1부터 6까지의 숫자를 한 번씩 사용하였습니다. ← 여섯 자리 수
- 245000보다 큰 수입니다.
- 245200보다 작은 수입니다.
- 일의 자리 수는 짝수입니다.

생각하며 푼다!

245000보다 크고 245200보다 작은 수 ➡ 245▲□□

┌ 나머지 수는 1, 3, 6
└ 0보다 크고 2보다 작은 수

이므로 백의 자리 수는 ☐ 입니다.

일의 자리 수는 짝수이므로 ☐ 이고,

나머지 수 ☐ 은 십의 자리 수가 됩니다.

따라서 조건에 알맞은 수는 ☐ 입니다.

답 _____

2.

- 3부터 7까지의 숫자를 한 번씩 사용하였습니다.
- 56000보다 큰 수입니다.
- 56400보다 작은 수입니다.
- 일의 자리 수는 홀수입니다.

생각하며 푼다!

56000보다 크고 56400보다 작은 수이므로 백의 자리 수는

☐ 입니다.

일의 자리 수는 홀수이므로 ☐ 이고,

나머지 수 ☐ 는 십의 자리 수가 됩니다.

따라서 조건에 알맞은 수는 ☐ 입니다.

답 _____

2. ┌ 나머지 수는 3, 4, 7
56▽□□
0보다 크고 4보다 작은 수

「56000보다 크고 56400보다 작은 수」이므로 조건에 맞는 수는 56□□□! 56□□□에서 5, 6은 이미 사용되었으니까 나머지 수는 3, 4, 7! 아하!

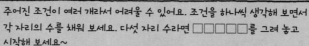
⭐ 조건에 알맞은 다섯 자리 수를 모두 써 보세요.

1.

❶ 1부터 5까지의 숫자를 한 번씩 사용하였습니다.

❷ 십의 자리 숫자는 3입니다.

❸ 만의 자리와 일의 자리 수의 합은 천의 자리와 백의 자리 수의 합과 같습니다.

❹ 만의 자리 수는 일의 자리 수보다 크고, 천의 자리 수는 백의 자리 수보다 작습니다.

생각하며 푼다!

조건 ❷에 의하여 ▢▢▢3▢이고,

조건 ❶, ❸에 의하여 3을 제외하고 1, 2, 4, 5 중 두 수의 합이 같은 것은

1과 ▢, 2와 ▢ 입니다.

따라서 조건 ❹에 의하여 조건에 알맞은 다섯 자리 수는

5 ▢ ▢ 3 1 또는 4 ▢ ▢ 3 2 입니다.

답 _____, _____

2.

❶ 3부터 7까지의 숫자를 한 번씩 사용하였습니다.

❷ 백의 자리 숫자는 5입니다.

❸ 만의 자리와 천의 자리 수의 합은 십의 자리 수와 일의 자리 수의 합과 같습니다.

❹ 만의 자리 수는 천의 자리 수보다 작고, 십의 자리 수는 일의 자리 수보다 큽니다.

생각하며 푼다!

조건 ❷에 의하여 ▢▢5▢▢이고,

조건 ❶, ❸에 의하여 5를 제외하고 3, 4, 6, 7 중 두 수의 합이 같은 것은

3과 ▢, 4와 ▢ 입니다.

따라서 조건 ❹에 의하여 조건에 알맞은 다섯 자리 수는

3 7 5 ▢ ▢ 또는 4 6 5 ▢ ▢ 입니다.

답 _____, _____

05. 큰 수 문장제

⭐ ㉠이 나타내는 값과 ㉡이 나타내는 값의 합은 얼마일까요?

1.

2675149238   4508239761
 ㉠   ㉡

생각하며 푼다!

억 만 일   억 만 일
2675149238   4508239761
 ㉠   ㉡

㉠은 [백만]의 자리 숫자이므로 [5000000]을 나타내고,

㉡은 [일억]의 자리 숫자이므로 [   ]을 나타냅니다.

　㉠이 나타내는 값　㉡이 나타내는 값
➡ [5000000] + [   ] = [   ]

답 _____

2.

58612734910   47126839000
 ㉠   ㉡

생각하며 푼다!

억 만 일   억 만 일
58612734910   47126839000
 ㉠   ㉡

㉠은 [   ]의 자리 숫자이므로 [   ]을 나타내고, ㉡은 [   ]의 자리 숫자이므로 [   ]을 나타냅니다.

　㉠이 나타내는 값　　㉡이 나타내는 값
➡ [   ] + [   ]

= [   ]

답 _____

🐭 속닥속닥

일의 자리부터
네 자리씩 끊은 다음
자릿값을 비교하면
아주 쉬워.

만의 자리 뒤에는
0이 4개, 억의 자리
뒤에는 0이 8개!
이것만 기억해도
유리해.

1. 다음 수에서 십억의 자리 숫자와 백만의 자리 숫자의 합은 얼마일까요?

> 25834670000

생각하며 푼다!

> 25834670000 ➡ 25834670000
> 억 만 일   십억┘ └백만

십억의 자리 숫자는 ☐ , 백만의 자리 숫자는 ☐ 이므로 두 숫자의 합은 ☐ + ☐ = ☐ 입니다.

답 _____

2. 다음 수에서 십조의 자리 숫자와 천만의 자리 숫자의 차는 얼마일까요?

> 93284561073000

생각하며 푼다!

십조의 자리 숫자는 ☐ , 천만의 자리 숫자는 ☐ 이므로 두 숫자의 차는 ☐ – ☐ = ☐ 입니다.

답 _____

3. 다음 수에서 백조의 자리 숫자와 십억의 자리 숫자의 합은 얼마일까요?

> 1743829103695600

생각하며 푼다!

답 _____

1. 은행에서 57000000원을 찾으려고 합니다. 만 원짜리 지폐로만 찾는다면 모두 몇 장을 찾을 수 있을까요?

대표문제

속닥속닥

문제에서 수는 ◯,
조건 또는 구하는 것은 ___로
표시해 보세요.

생각하며 푼다!

57000000 ➡ 5700 만
만 일

5700 만은 만이 ⬚ 개인 수이므로 57000000은

만 원짜리 지폐로 ⬚ 장을 찾을 수 있습니다.

답 _____

2. 은행에 예금한 돈은 23000000원입니다. 10만 원짜리 수표로만 찾는다면 모두 몇 장을 찾을 수 있을까요?

생각하며 푼다!

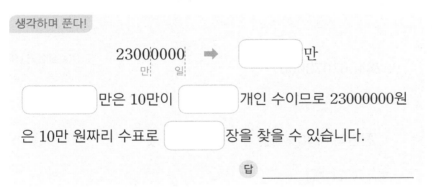

23000000 ➡ ⬚ 만
만 일

⬚ 만은 10만이 ⬚ 개인 수이므로 23000000원

은 10만 원짜리 수표로 ⬚ 장을 찾을 수 있습니다.

답 _____

3. 은행에 예금한 돈은 61900000원입니다. 10만 원짜리 수표로만 찾는다면 모두 몇 장을 찾을 수 있을까요?

생각하며 푼다!

61900000 ➡ ⬚ 만
만 일

답 _____

1. 100만 원짜리 수표로 <u>10억</u> 원을 만들려고 합니다. 100만 원짜리 수표는 모두 몇 장이 필요할까요?

대표 문제

🐹 속닥속닥

문제에서 수는 ◯,
조건 또는 구하는 것은 ___로
표시해 보세요.

생각하며 푼다!

100만의 [100] 배는 1억이고, 1억의 [10] 배는 10억이므로 10억은 100만의 [   ] 배입니다.

따라서 10억 원을 만들려면 100만 원짜리 수표는 모두 [   ] 장이 필요합니다.

답 _____

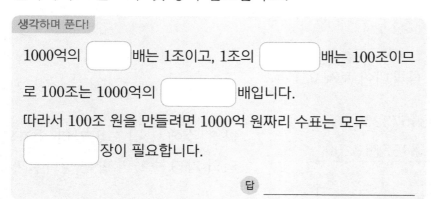

2. 1000억 원짜리 수표로 100조 원을 만들려고 합니다. 1000억 원짜리 수표는 모두 몇 장이 필요할까요?

생각하며 푼다!

1000억의 [   ] 배는 1조이고, 1조의 [   ] 배는 100조이므로 100조는 1000억의 [   ] 배입니다.

따라서 100조 원을 만들려면 1000억 원짜리 수표는 모두 [   ] 장이 필요합니다.

답 _____

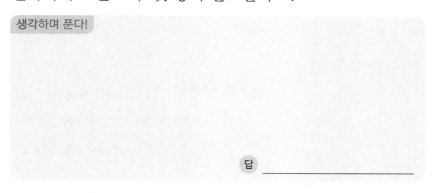

3. 100억 원짜리 수표로 10조 원을 만들려고 합니다. 100억 원짜리 수표는 모두 몇 장이 필요할까요?

생각하며 푼다!

먼저 1조는
100억의 몇 배인지
생각해 봐!

답 _____

1. 큰 수

점수 / 100
한 문항당 10점

1. 10000이 4, 1000이 7, 100이 9인 수를 쓰고 읽어 보세요.

쓰기 (   )

또는 (   )

읽기 (   )

2. 수 카드를 한 번씩만 사용하여 십만의 자리 숫자가 4인 가장 큰 일곱 자리 수를 만들어 보세요. (20점)

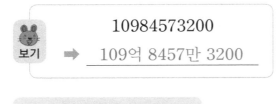

(   )

3. 보기 와 같이 수로 나타내어 보세요.

> 보기
> 10984573200
> ➡ 109억 8457만 3200

312950427183

➡ _____

4. 조가 16, 억이 928인 수를 쓰고 읽어 보세요.

쓰기 (   )

또는 (   )

읽기 (   )

5. 윤서네 가족은 3월부터 매월 20만 원씩 저금하기로 하였습니다. 7월까지 저금한 금액은 모두 얼마가 될까요?

(   )

6. 두 도시의 인구를 나타낸 것입니다. 어느 도시의 인구가 더 많을까요?

은빛 도시	별빛 도시
41824000명	41798745명

(   )

7. 다음 수에서 십조의 자리 숫자와 백억의 자리 숫자의 합은 얼마일까요?

371263982350000

(   )

8. 은행에서 618000000원을 10만 원짜리 수표로만 찾는다면 모두 몇 장을 찾을 수 있을까요? (20점)

(   )

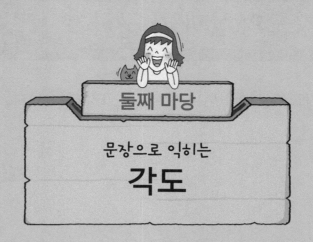

둘째 마당

문장으로 익히는
각도

둘째 마당에서는 각도를 이용한 문장제를 배웁니다.
삼각형의 세 각의 합과 사각형의 네 각의 합을 이용하면 각도기가 없어도
각도를 구할 수 있어요. 삼각형과 사각형의 특징을 생각하며
문제를 해결해 보세요.

각도의 합과 차는 자연수의 덧셈과 뺄셈처럼 계산한 다음 숫자에 도(°)만 붙이면 돼요!

1. 각의 크기를 각도기로 재었더니 각각 55°, 125°였습니다. 두 각도의 합과 차를 구해 보세요.

각도의 합과 차는 자연수의 덧셈, 뺄셈과 같은 방법으로 계산한 후 °를 붙여요.

생각하며 푼다!

두 각도의 합은 [55]° + [   ]° = [   ]°이고,

두 각도의 차는 [   ]° − [   ]° = [   ]°입니다.

답 합: _____ , 차: _____

2. 각의 크기를 각도기로 재었더니 각각 120°, 45°였습니다. 두 각도의 합과 차를 구해 보세요.

합: _____ , 차: _____

3. 다음 중 가장 큰 각도와 가장 작은 각도의 합과 차를 구해 보세요.

| 95° | 115° | 80° | 65° |

합: _____ , 차: _____

1. 두 각의 크기를 각각 재어 보고 두 각도의 합과 차를 구해 보세요.

> 🐻 먼저 각도기를 이용하여
> 두 각의 크기를 각각 재어 보세요.

생각하며 푼다!

각도기로 재어 보면 ㉠=☐°이고, ㉡=☐°입니다.

따라서 두 각도의 합은 ㉠+㉡=☐°+☐°=☐°이고,

두 각도의 차는 ㉠−㉡=☐°−☐°=☐°입니다.

　　　　　　　답 합: ＿＿＿＿＿＿＿＿, 차: ＿＿＿＿＿＿＿＿

2. 두 각의 크기를 각각 재어 보고 두 각도의 합과 차를 구해 보세요.

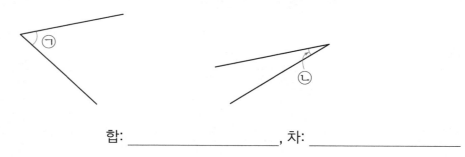

합: ＿＿＿＿＿＿＿＿, 차: ＿＿＿＿＿＿＿＿

3. 두 각의 크기를 각각 재어 보고 두 각도의 합과 차를 구해 보세요.

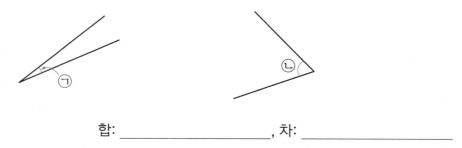

합: ＿＿＿＿＿＿＿＿, 차: ＿＿＿＿＿＿＿＿

1. 두 각도의 합과 차를 구해 보세요.

시계에는 숫자가 12개 있어요.
시곗바늘이 한 바퀴 돌면 360°이므
로 360°를 12로 나누면 연이은 두
숫자 사이의 각도는 30°예요.

생각하며 푼다!

시계의 큰 눈금 1칸이 이루는 각도는 [30]°이므로 2시를 나타내는 시각의 각도는

[   ]°이고, 6시를 나타내는 시각의 각도는 [   ]°입니다.

따라서 두 각도의 합은 [   ]° + [   ]° = [   ]°이고,

두 각도의 차는 [   ]° − [   ]° = [   ]°입니다.

답 합: _____, 차: _____

2. 두 각도의 합과 차를 구해 보세요.

합: _____, 차: _____

3. 두 각도의 합과 차를 구해 보세요.

합: _____, 차: _____

1. 피자 조각이 2개 있습니다. 두 피자 조각의 각도의 합을 구해 보세요.

🐭 시계의 큰 눈금 1칸이 이루는 각도는 30°예요. 6등분한 피자 1조각의 각도는 시계의 큰 눈금 2칸의 각도와 같고, 8등분한 피자 1조각의 각도는 시계의 큰 눈금 1칸 반의 각도와 같아요.

생각하며 푼다!

6등분한 피자 조각의 각도는 ⬜60⬜ °이고, 8등분한 피자 조각의 각도는 ⬜ °입니다.

따라서 두 피자 조각의 각도의 합은 ⬜ °+ ⬜ °= ⬜ °입니다.

답 _____

2. 피자 조각이 2개 있습니다. 두 피자 조각의 각도의 차를 구해 보세요.

🐭 시계 그림을 떠올려 보세요. 3시는 90°를 나타내니까 피자 4조각 중 1조각의 각도도 90°예요. 4시는 120°를 나타내니까 피자 3조각 중 1조각의 각도도 120°예요.

생각하며 푼다!

4등분한 피자 조각의 각도는 ⬜ °이고, 3등분한 피자 조각의 각도는 ⬜ °입니다.

따라서 두 피자 조각의 각도의 차는 ⬜ °− ⬜ °= ⬜ °입니다.

답 _____

3. 케이크 조각이 2개 있습니다. 두 케이크 조각의 각도의 합과 차를 구해 보세요.

합: _____ , 차: _____

 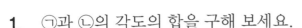

1. ㉠과 ㉡의 각도의 합을 구해 보세요.

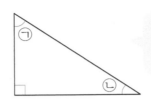

🐹 ㉠, ㉡의 각도를 각각 구할 필요는 없어요~
삼각형 세 각의 크기의 합이 180°임을 이용하여 구해 보세요.

생각하며 푼다!

삼각형의 세 각의 크기의 합은 ⬜ °입니다.

따라서 ㉠＋㉡＋90°＝ ⬜ °이므로

㉠＋㉡＝ ⬜ °－ ⬜ °＝ ⬜ °입니다.   답 _____

2. ㉠과 ㉡의 각도의 합을 구해 보세요.

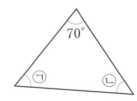

생각하며 푼다!

답 _____

3. ㉠과 ㉡의 각도의 합을 구해 보세요.

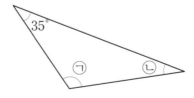

_____

1. ㉠의 각도를 구해 보세요.

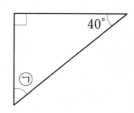

생각하며 푼다!

삼각형의 세 각의 크기의 합은 [   ]°입니다.

따라서 ㉠ = [   ]° − [90]° − 40° = [   ]°입니다.

답 _____

2. ㉠의 각도를 구해 보세요.

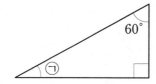

생각하며 푼다!

답 _____

3. ㉠의 각도를 구해 보세요.

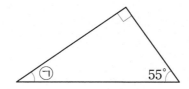

_____

1. ㉠의 각도를 구해 보세요.

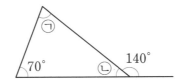

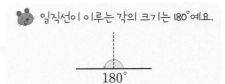
일직선이 이루는 각의 크기는 180°예요.

180°

생각하며 푼다!

㉡ = 180° − ☐° = ☐°이고,

삼각형의 세 각의 크기의 합은 ☐°이므로

㉠ = ☐° − 70° − ㉡ = ☐° − 70° − ☐° = ☐°입니다.

답 _____

2. ㉠의 각도를 구해 보세요.

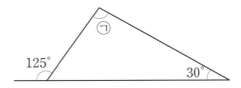

_____

★**3.** ㉢의 각도를 구해 보세요.

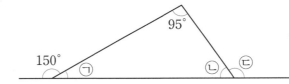

㉠ → ㉡의 순서로 각도를 구한 다음 ㉢의 각도를 구해요.

생각하며 푼다!

㉠ = 180° − ☐° = ☐°이고,

삼각형의 세 각의 크기의 합은 ☐°이므로

㉡ = 180° − 95° − ☐°(㉠) = ☐°입니다.

따라서 ㉢ = ☐° − ㉡ = ☐° − ☐° = ☐°입니다.

답 _____

1. 삼각형의 두 각의 크기가 각각 20°, 80°일 때 나머지 한 각의 크기를 구해 보세요.

생각하며 푼다!

삼각형의 세 각의 크기의 합은 ☐°입니다.

따라서 나머지 한 각의 크기는 ☐° − ☐° − ☐° = ☐°입니다.

답 _____

2. 삼각형의 두 각의 크기가 각각 65°, 85°일 때 나머지 한 각의 크기를 구해 보세요.

생각하며 푼다!

답 _____

★**3.** 삼각형 가와 나의 두 각의 크기가 각각 다음과 같을 때 나머지 한 각의 크기가 더 큰 것은 어느 것일까요?

가: 100°, 35°   나: 85°, 60°

생각하며 푼다!

삼각형 가의 나머지 한 각의 크기는 180° − ☐° − ☐° = ☐°이고,

삼각형 나의 나머지 한 각의 크기는 180° − ☐° − ☐° = ☐°입니다.

따라서 나머지 한 각의 크기가 더 큰 것은 ☐입니다.

답 _____

1. ㉠과 ㉡의 각도의 합을 구해 보세요.

🐭 먼저 주어진 두 각의 크기의 합을 구하고, 360°에서 빼는 방법도 있어요.

> 생각하며 푼다!
>
> 사각형의 네 각의 크기의 합은 [   ]°입니다.
>
> 따라서 ㉠+80°+㉡+90°= [   ]°이므로
>
> ㉠+㉡= [360]°− [80]°− [   ]°= [   ]°입니다.
>
> 답 _____

2. ㉠과 ㉡의 각도의 합을 구해 보세요.

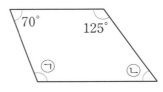

> 생각하며 푼다!
>
>
>
>
>
>
> 답 _____

3. ㉠과 ㉡의 각도의 합을 구해 보세요.

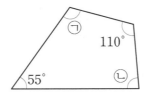

_____

1. ㉠의 각도를 구해 보세요.

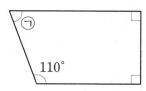

생각하며 푼다!

사각형의 네 각의 크기의 합은 [   ]°입니다.

따라서 ㉠= [   ]° − 90° − 90° − [   ]° = [   ]°입니다.

답 _____

2. ㉠의 각도를 구해 보세요.

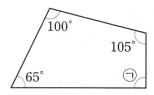

생각하며 푼다!

답 _____

3. ㉠의 각도를 구해 보세요.

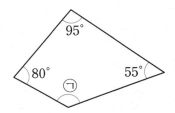

_____

1. ㉠의 각도를 구해 보세요.

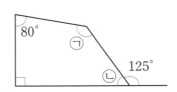

생각하며 푼다!

㉡ = 180° − ⬚° = ⬚°이고,

사각형의 네 각의 크기의 합은 ⬚°이므로

㉠ = ⬚° − ⬚° − ㉡ − 90°

= ⬚° − ⬚° − ⬚° − ⬚° = ⬚°입니다.

답 _____

2. ㉠의 각도를 구해 보세요.

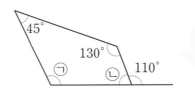

🐭 먼저 ㉡의 각도를 구하고,
㉠의 각도를 구해요.

생각하며 푼다!

답 _____

3. ㉠의 각도를 구해 보세요.

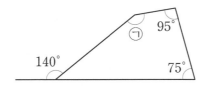

_____

1. 사각형의 세 각의 크기가 각각 90°, 45°, 70°일 때 나머지 한 각의 크기를 구해 보세요.

사각형의 네 각의 크기의 합은 ☐°입니다.

따라서 나머지 한 각의 크기는

☐° − ☐° − ☐° − ☐° = ☐°입니다.

답 _____

2. 사각형의 세 각의 크기가 각각 135°, 85°, 110°일 때 나머지 한 각의 크기를 구해 보세요.

답 _____

3. 사각형 가와 나의 세 각의 크기가 각각 다음과 같을 때 나머지 한 각의 크기가 더 큰 것은 어느 것일까요?

| 가: 25°, 95°, 120° | 나: 45°, 140°, 30° |

사각형 가의 나머지 한 각의 크기는 360° − ☐° − ☐° − ☐° = ☐°

이고, 사각형 나의 나머지 한 각의 크기는

360° − ☐° − ☐° − ☐° = ☐°입니다.

따라서 나머지 한 각의 크기가 더 큰 것은 ☐입니다.

답 _____

점수 / 100
한 문항당 10점

1. 각의 크기를 각도기로 재었더니 각각 105°, 60°였습니다. 두 각도의 합과 차를 구해 보세요.

합 (   )

차 (   )

2. 두 각도의 차를 구해 보세요.

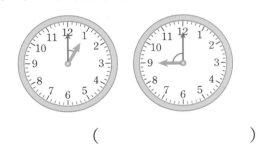

(   )

3. ㉠과 ㉡의 각도의 합을 구해 보세요.

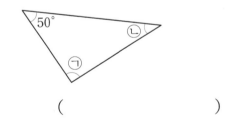

(   )

4. ㉠의 각도를 구해 보세요. (20점)

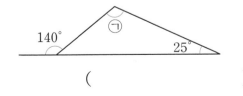

(   )

5. 삼각형의 두 각의 크기가 각각 35°, 75°일 때 나머지 한 각의 크기를 구해 보세요.

(   )

6. ㉠과 ㉡의 각도의 합을 구해 보세요.

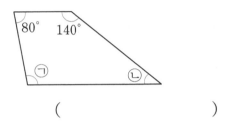

(   )

7. ㉠의 각도를 구해 보세요. (20점)

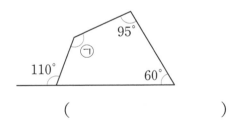

(   )

8. 사각형의 세 각의 크기가 각각 30°, 120°, 85°일 때 나머지 한 각의 크기를 구해 보세요.

(   )

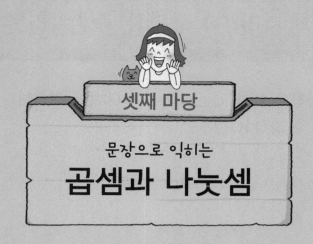

문장으로 익히는
곱셈과 나눗셈

셋째 마당에서는 곱셈과 나눗셈을 이용한 문장제를 배웁니다.
초등 수학에서 자연수의 곱셈과 나눗셈을 공부하는 마지막 단원이에요.
확실하게 공부하고 넘어가세요.

문장은 이해되는데 계산
실수가 많다면 계산 연습을
충분히 더 해야 돼요.

1. 한 묶음에 400장씩 묶여 있는 도화지가 60묶음 있습니다.

대표문제 도화지는 모두 몇 장일까요?

> 생각하며 푼다!
>
> (전체 도화지 수)=(한 묶음의 도화지 수)×(묶음 수)
>
> $$= \boxed{400} \times \boxed{}$$
>
> $$= \boxed{} (장)$$
>
> 답 _____

🐭 속닥속닥

문제에서 숫자는 ○,
조건 또는 구하는 것은 ___로
표시해 보세요.

1. (몇백)×(몇십)은
   (몇)×(몇)의 곱에 0을
   3개 붙여서 구해요.

   0이 3개
   400×60=24000
   4×6=24

2. 정우는 매일 아침마다 800 m를 달립니다. 20일 동안 달린 거리는 모두 몇 m일까요?

> 생각하며 푼다!
>
> (20일 동안 달린 거리)=(하루에 달린 거리)×(날수)
>
> $$= \boxed{} \times \boxed{}$$
>
> $$= \boxed{} (m)$$
>
> 답 _____

3. 사탕 한 개의 값은 300원입니다. 사탕 27개의 값은 모두 얼마일까요?

> 생각하며 푼다!
>
> (사탕 27개의 값)=(사탕 한 개의 값)×(사탕 수)
>
> $$= \boxed{} \times \boxed{}$$
>
> $$= \boxed{} (원)$$
>
> 답 _____

1. 우리나라에서 한 사람이 하루에 282 L의 물을 사용한다고 합니다. 우리나라 사람 30명이 하루에 사용하는 물의 양은 얼마일까요?

 대표문제

속닥속닥

문제에서 숫자는 ○,
조건 또는 구하는 것은 ___로
표시해 보세요.

생각하며 푼다!

(우리나라 사람 30명이 하루에 사용하는 물의 양)
=(우리나라 사람 1명이 하루에 사용하는 물의 양)×(사람 수)
= 282 × [ ] = [ ] (L)

답 _____

계산하기

2. 문방구에서 630원짜리 공책을 16권 샀습니다. 공책의 값은 모두 얼마일까요?

생각하며 푼다!

(전체 공책의 값)=(공책 한 권의 값)×(공책 수)
= [ ] × [ ]
= [ ] (원)

답 _____

계산하기

3. 지영이네 반에서는 동전 모으기 행사를 한 결과 50원짜리 동전 183개, 500원짜리 동전 70개를 모았습니다. 모은 동전은 모두 얼마일까요?

생각하며 푼다!

(50원짜리 동전의 합)=50 × [ ] = [ ] (원)

(500원짜리 동전의 합)=500 × [ ] = [ ] (원)

따라서 모은 동전은 모두
50원짜리 동전의 합   500원짜리 동전의 합
[ ] + [ ] = [ ] (원)입니다.

답 _____

계산하기

1. 하루에 368 km씩 달리는 자동차가 있습니다. 이 자동차가

대표
문제 16일 동안 달리면 모두 몇 km를 달리게 될까요?

🐭 **속닥속닥**

문제에서 숫자는 ○,
조건 또는 구하는 것은 ___로
표시해 보세요.

생각하며 푼다!

(16일 동안 달린 거리)=(하루에 달린 거리)×(날수)

= ☐ × ☐

= ☐ (km)

답 _____

계산하기

☐☐☐
×　☐☐

2. 어느 학교에서 학생 476명이 우유 급식을 합니다. 22일 동안 학생들이 마신 우유는 모두 몇 개일까요?

생각하며 푼다!

(22일 동안 학생들이 마신 우유 수)

=(학생 수)×(날수)

= ☐ × ☐

= ☐ (개)

답 _____

계산하기

☐☐☐
×　☐☐

3. 수정 테이프 한 개의 길이는 585 cm입니다. 수정 테이프 43개의 길이는 모두 몇 cm일까요?

생각하며 푼다!

(수정 테이프 43개의 길이)

=(수정 테이프 한 개의 길이)×(수정 테이프 수)

= ☐ × ☐

= ☐ (cm)

답 _____

계산하기

☐☐☐
×　☐☐

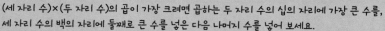
(세 자리 수)×(두 자리 수)의 곱이 가장 크려면 곱하는 두 자리 수의 십의 자리에 가장 큰 수를, 세 자리 수의 백의 자리에 둘째로 큰 수를 넣은 다음 나머지 수를 넣어 보세요.

⭐ 수 카드를 한 번씩만 사용하여 곱이 가장 큰 (세 자리 수)×(두 자리 수)의 곱셈식을 만들고 계산해 보세요.

1.

2　7　6　8　3

생각하며 푼다!

8 > ☐ > ☐ > ☐ > ☐ 이므로 큰 수부터 번호 순으
❶　❷　❸　❹　❺

로 넣어 곱셈식을 만들어 계산합니다.

|❶8|❸6|❷2| |❷7|❸6|❺2|
|×| |❷7|❸3| |×|❶8|❹3|
| | | | | | | | |

❶8	❹4	❺5		❷7	❹4	❺5
×		❷7			×	❶8	❸3

위의 식 중 가장 큰 곱셈식은

☐ × ☐ = ☐ 입니다.

답 _____

2.
0　1　6　4　9

생각하며 푼다!

☐ > ☐ > ☐ > ☐ > ☐
❶　❷　❸　❹　❺

이므로 큰 수부터 번호 순으로 넣어
계산하면 가장 큰 곱셈식은

☐ × ☐ = ☐ 입니다.

답 _____

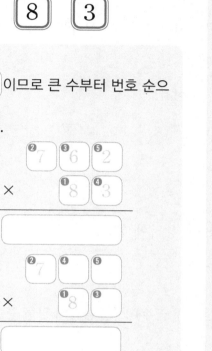

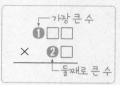
가장 큰 곱셈식은
이 번호 순서만
기억해도 해결돼.

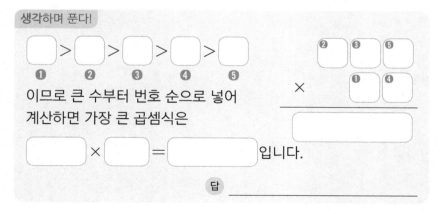

10. 몇십으로 나누기

1. 사과 400개를 한 상자에 50개씩 담으면 모두 몇 상자가 될 까요?

속닥속닥

문제에서 숫자는 ○,
조건 또는 구하는 것은 ___로
표시해 보세요.

대표문제

생각하며 푼다!

(상자 수)=(전체 사과 수)÷(한 상자에 담을 사과 수)

= 400 ÷ ☐

= ☐ (상자)

답 _____

1. 400÷50의 몫은 40÷5의
몫과 같아요.

400÷50=8
40÷5=8

2. 구슬 630개를 한 상자에 70개씩 담으면 모두 몇 상자가 될 까요?

생각하며 푼다!

(상자 수)=(전체 구슬 수)÷(한 상자에 담을 구슬 수)

= ☐ ÷ ☐

= ☐ (상자)

답 _____

3. 공책 360권을 한 상자에 90권씩 담으면 모두 몇 상자가 될 까요?

생각하며 푼다!

(상자 수)=(전체 공책 수)÷(☐)

= ☐ ÷ ☐

= ☐ (상자)

답 _____

1. 240은 40으로 나누어떨어집니다. 240보다 큰 수 중에서 40으로 나누었을 때 나머지가 15가 되는 가장 작은 수를 구해 보세요.

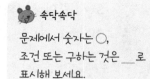
속닥속닥
문제에서 숫자는 ○,
조건 또는 구하는 것은 ___로
표시해 보세요.

생각하며 푼다!

나머지가 15가 되는 수는 40으로 나누어떨어지는 수보다

[15] 가 큰 수입니다.

따라서 240보다 큰 수 중에서 40으로 나누었을 때 나머지가

15가 되는 가장 작은 수는 [   ]입니다.

답 _____

2. 360은 90으로 나누어떨어집니다. 360보다 큰 수 중에서 90으로 나누었을 때 나머지가 65가 되는 가장 작은 수를 구해 보세요.

생각하며 푼다!

답 _____

3. 490은 70으로 나누어떨어집니다. 490보다 큰 수 중에서 70으로 나누었을 때 나머지가 50이 되는 가장 작은 수를 구해 보세요.

_____

1. 도서관에서 책 380권을 책꽂이 한 칸에 60권씩 꽂으려고
합니다. 꽂은 책은 몇 칸이 되고, 남는 책은 몇 권일까요?

> 생각하며 푼다!
>
> 380 ÷ 60 = ☐ … ☐ 입니다.
>
> 따라서 꽂은 책은 ☐ 칸이 되고, 남는 책은 ☐ 권입니다.
>
> 답 _____ , _____

계산하기

2. 초콜릿 225개를 30명의 학생에게 똑같이 나누어 주려고 합
니다. 한 명이 가지는 초콜릿은 몇 개가 되고, 남는 초콜릿
은 몇 개일까요?

> 생각하며 푼다!
>
> ☐ ÷ ☐ = ☐ … ☐ 입니다.
>
> 따라서 한 명이 가지는 초콜릿은 ☐ 개가 되고, 남는 초콜릿은
>
> ☐ 개입니다.
>
> 답 _____ , _____

계산하기

3. 리본 한 개를 만드는 데 색 테이프 40 cm가 필요합니다.
색 테이프 316 cm로는 리본을 몇 개 만들 수 있고, 남는 색
테이프는 몇 cm일까요?

> 생각하며 푼다!
>
> ☐ ÷ ☐ = ☐ … ☐ 입니다.
>
> 따라서 리본 ☐ 개를 만들 수 있고, 남는 색 테이프는
>
> ☐ cm입니다.
>
> 답 _____ , _____

계산하기

1. 준서가 182쪽인 동화책을 모두 읽으려고 합니다. 하루에 30쪽씩 읽으면 며칠 안에 모두 읽을 수 있을까요?

대표문제

생각하며 푼다!

☐ ÷ ☐ = ☐ … ☐ 이므로 ☐ 일 동안 책을

읽으면 ☐ 쪽이 남습니다.

따라서 남는 ☐ 쪽을 읽으려면 하루가 더 필요하므로 ☐ 일

안에 책을 모두 읽을 수 있습니다.

답 _____

계산하기

☐☐)☐☐☐

2. 지훈이네 학교 학생 335명이 모두 버스를 타고 현장 학습을 가려고 합니다. 버스 한 대에 40명씩 타면 버스 몇 대에 모두 탈 수 있을까요?

생각하며 푼다!

☐ ÷ ☐ = ☐ … ☐ 이므로 버스 ☐ 대에 타

면 학생 ☐ 명이 남습니다.

따라서 남는 ☐ 명을 태우려면 버스 한 대가 더 필요하므로

버스 ☐ 대에 모두 탈 수 있습니다.

답 _____

3. 사탕 624개를 상자에 모두 담으려고 합니다. 한 상자에 80개씩 담으면 몇 상자에 모두 담을 수 있을까요?

생각하며 푼다!

답 _____

11. 몫이 한 자리 수인 (두, 세 자리 수) ÷ (두 자리 수)

🐭 속닥속닥

문제에서 숫자는 ○,
조건 또는 구하는 것은 ＿로
표시해 보세요.

1. 장미 96송이를 꽃병 16개에 똑같이 나누어 꽂으려고 합니다. 꽃병 한 개에는 장미를 몇 송이씩 꽂아야 할까요?

대표문제

생각하며 푼다!

96 ÷ ◻ = ◻ 입니다.

따라서 꽃병 한 개에는 장미를 ◻ 송이씩 꽂아야 합니다.

답 _____

2. 쌀 78 kg을 쌀통 13개에 똑같이 나누어 담으려고 합니다. 쌀통 한 개에는 쌀을 몇 kg씩 담아야 할까요?

생각하며 푼다!

◻ ÷ ◻ = ◻ 입니다.

따라서 쌀통 한 개에는 쌀을 ◻ kg씩 담아야 합니다.

답 _____

3. 색종이 92장을 친구 23명에게 똑같이 나누어 주려고 합니다. 친구 한 명에게 색종이를 몇 장씩 나누어 주어야 할까요?

생각하며 푼다!

답 _____

1. 쿠키 130개를 한 상자에 16개씩 포장하여 팔려고 합니다.

대표문제 몇 상자까지 팔 수 있을까요?

생각하며 푼다!

$\boxed{} \div \boxed{} = \boxed{} \cdots \boxed{}$ 입니다.

따라서 한 상자를 가득 채워야 팔 수 있으므로 $\boxed{}$ 상자까지 팔 수 있습니다.

답 _____

🐭 속닥속닥

문제에서 숫자는 ◯,
조건 또는 구하는 것은 ___로
표시해 보세요.

계산하기

$\boxed{}\boxed{} \big) \overline{\boxed{}\boxed{}\boxed{}}$

만약 한 상자에
6개씩 포장해서
팔아야 하는데
남는 도넛이 4개밖에
없다면 팔 수 없어.

2. 색연필 178자루를 한 상자에 24자루씩 포장하여 팔려고 합니다. 몇 상자까지 팔 수 있을까요?

생각하며 푼다!

$\boxed{} \div \boxed{} = \boxed{} \cdots \boxed{}$ 입니다.

따라서 한 상자를 가득 채워야 팔 수 있으므로 $\boxed{}$ 상자까지 팔 수 있습니다.

답 _____

계산하기

$\boxed{}\boxed{} \big) \overline{\boxed{}\boxed{}\boxed{}}$

3. 귤 476개를 한 상자에 52개씩 포장하여 팔려고 합니다. 몇 상자까지 팔 수 있을까요?

생각하며 푼다!

답 _____

똑같이 담고 남은
나머지를 상자에
담아 파는 건
반칙이거든!
나머지는 버려!
그럼 구한 몫만
정답이야.

 속닥속닥

문제에서 숫자는 ○,
조건 또는 구하는 것은 ___로
표시해 보세요.

1. 어떤 수를 14로 나누면 몫은 8이고, 나머지는 5입니다. 어떤 수는 얼마일까요?

<대표문제>

생각하며 푼다!

어떤 수를 □라 하면 □÷14= [ ] … [ ] 에서

14× [ ] = [   ] , [   ] + [ ] =□, □= [   ]

입니다.   답 _____

2. 어떤 수를 37로 나누면 몫은 6이고, 나머지는 20입니다. 어떤 수는 얼마일까요?

생각하며 푼다!

어떤 수를 □라 하면 □÷ [   ] = [   ] … [   ] 에서

37 × [ ] = [   ] , [   ] + [ ] =□,

□= [   ] 입니다.   답 _____

나누어지는 수를
구하려면
(나누는 수)×(몫)을
구한 다음 그 결과에
나머지를 더하면 돼.

★3. 어떤 수를 21로 나누면 몫은 5이고, 나머지는 12입니다. 어떤 수를 17로 나누면 몫과 나머지는 얼마일까요?

생각하며 푼다!

어떤 수를 □라 하면 □÷ [   ] = [   ] … [   ] 에서

[   ] × [ ] = [   ] , [   ] + [ ] =□,

□= [   ] 입니다.

따라서 어떤 수를 17로 나누면 [   ] ÷17= [ ] … [   ]

입니다.

답 몫: _____ , 나머지: _____

어떤 수는
나눗셈식에서
나누어지는 수였어.

1. 수 카드를 한 번씩만 사용하여 몫이 가장 작은 (세 자리 수)
÷(두 자리 수)를 만들고 몫과 나머지를 구해 보세요.

| 8 | 3 | 6 | 4 | 9 |

생각하며 푼다!

몫이 가장 작으려면

(가장 |작은| 세 자리 수)÷(가장 |큰| 두 자리 수)

가 되어야 합니다.

따라서 만들 수 있는 가장 [ ] 세 자리 수는 [ ]이고,

가장 [ ] 두 자리 수는 [ ]이므로

[ ]÷[ ]=[ ]⋯[ ] 입니다.

답 몫: _____, 나머지: _____

속닥속닥

1부터 5까지의 수를
한 번씩만 사용했을
경우

가장 큰 세 자리 수는
543,
가장 작은 세 자리 수
는 123,
가장 큰 두 자리 수는
54,
가장 작은 두 자리 수
는 12야.

2. 수 카드를 한 번씩만 사용하여 몫이 가장 작은 (세 자리 수)
÷(두 자리 수)를 만들고 몫과 나머지를 구해 보세요.

| 2 | 4 | 3 | 7 | 5 |

생각하며 푼다!

답 몫: _____, 나머지: _____

그럼
(세 자리 수)÷(두 자리 수)
의 몫이 가장 작은
나눗셈식은
123÷54이고,
몫이 가장 큰
나눗셈식은
543÷12야.

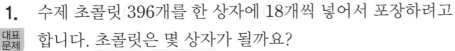

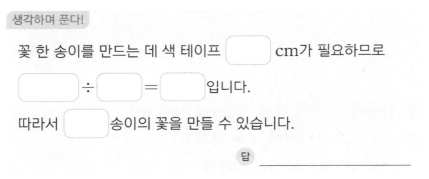

1. 수제 초콜릿 396개를 한 상자에 18개씩 넣어서 포장하려고
합니다. 초콜릿은 몇 상자가 될까요?

대표문제

> 생각하며 푼다!
>
> 수제 초콜릿 396개를 한 상자에 [ ]개씩 넣어서 포장하므로
>
> [ ] ÷ [ ] = [ ] 입니다.
>
> 따라서 초콜릿은 [ ] 상자가 됩니다.
>
> 답 _____

계산하기

[ ][ ]) [ ][ ][ ][ ]

2. 꽃 한 송이를 만드는 데 색 테이프 32 cm가 필요합니다.
색 테이프 768 cm로는 몇 송이의 꽃을 만들 수 있을까요?

> 생각하며 푼다!
>
> 꽃 한 송이를 만드는 데 색 테이프 [ ] cm가 필요하므로
>
> [ ] ÷ [ ] = [ ] 입니다.
>
> 따라서 [ ] 송이의 꽃을 만들 수 있습니다.
>
> 답 _____

계산하기

[ ][ ]) [ ][ ][ ]

3. 젤리 828개를 한 봉지에 46개씩 넣어서 포장하려고 합니
다. 젤리는 몇 봉지가 될까요?

> 생각하며 푼다!
>
>
>
>
> 답 _____

계산하기

[ ][ ]) [ ][ ][ ][ ]

(세 자리 수)÷(두 자리 수)에서 나누는 수가 나누어지는 수의 앞의 두 자리 수보다 작으면 몫이
두 자리 수가 돼요. 몫이 두 자리 수이면 나눗셈을 두 번 해야 하니 계산을 틀리지 않도록 주의해요.

1. 수지네 학교에서 520명이 버스를 타고 수학 체험전을 가려고 합니다. 버스 한 대에 42명씩 탄다면 버스는 모두 몇 대가 필요할까요?

대표문제

생각하며 푼다!

☐☐☐ ÷ ☐☐ = ☐☐ ⋯ ☐☐ 입니다.

따라서 나머지 ☐☐ 명도 모두 버스에 타야 하므로 버스는

모두 ☐☐ 대가 필요합니다.

답 _____

🐻 속닥속닥

문제에서 숫자는 ○,
조건 또는 구하는 것은 ___로
표시해 보세요.

계산하기

☐☐) ☐☐☐

2. 놀이 공원에서 282명이 놀이기구를 타기 위해 줄을 서서 기다리고 있습니다. 놀이기구 한 대에 18명씩 탄다면 놀이기구는 모두 몇 번을 운행해야 할까요?

생각하며 푼다!

☐☐☐ ÷ ☐☐ = ☐☐ ⋯ ☐☐ 입니다.

따라서 나머지 ☐☐ 명도 모두 놀이기구에 타야 하므로 놀이기구는 모두 ☐☐ 번을 운행해야 합니다.

답 _____

3. 연필 675자루를 한 상자에 48자루씩 포장하려고 합니다. 상자는 모두 몇 상자가 필요할까요?

생각하며 푼다!

답 _____

「사람을 모두 태워야 한다면」,
「상자에 모두 담아야 한다면」과 같은 상황이 있고
나머지가 있다면 버리면 안 돼.

구한 몫에 1을
더해 줘야 정답!

1. 콩을 한 자루에 12 kg씩 담아서 팔려고 합니다. 콩 475 kg
은 몇 자루에 담을 수 있고, 남는 콩은 몇 kg일까요?

생각하며 푼다!

☐ ÷ ☐ = ☐ … ☐ 입니다.

따라서 ☐ 자루에 담을 수 있고, 남는 콩은 ☐ kg입니다.

답 _____, _____

🐭 속닥속닥

문제에서 숫자는 ○,
조건 또는 구하는 것은 __로
표시해 보세요.

계산하기

☐☐)☐☐☐☐

2. 색종이를 학생 한 명에게 25장씩 나누어 주려고 합니다. 색
종이 396장은 몇 명에게 나누어 줄 수 있고, 남는 색종이는
몇 장일까요?

생각하며 푼다!

☐ ÷ ☐ = ☐ … ☐ 입니다.

따라서 ☐ 명에게 나누어 줄 수 있고, 남는 색종이는

☐ 장입니다.

답 _____, _____

계산하기

☐☐)☐☐☐

3. 길이가 564 cm인 색 테이프를 한 도막이 32 cm가 되도록
자르려고 합니다. 자른 색 테이프는 몇 도막이 되고, 남는
색 테이프는 몇 cm일까요?

생각하며 푼다!

답 _____, _____

계산하기

☐☐)☐☐☐

1. 사탕 ⟨285⟩개를 어린이 ⟨23⟩명에게 똑같이 나누어 주려고 합니다. 사탕을 남김없이 모두 나누어 주려면 사탕은 적어도 몇 개가 더 있어야 할까요?

속닥속닥
문제에서 숫자는 ○,
조건 또는 구하는 것은 __로
표시해 보세요.

대표
문제

생각하며 푼다!

☐ ÷ ☐ = ☐ … ☐ 이므로

사탕을 ☐ 개씩 나누어 주면 ☐ 개가 남습니다.

남는 사탕이 없으려면 사탕을 1개씩 더 나누어 주어야 합니다.

따라서 사탕은 적어도 ☐ − ☐ = ☐ (개)가 더 있어
               어린이 수 나머지

야 합니다.

답 _____

2. 감 614개를 35개의 상자에 똑같이 나누어 담으려고 합니다. 감을 남김없이 모두 나누어 담으려면 감은 적어도 몇 개가 더 있어야 할까요?

생각하며 푼다!

☐ ÷ ☐ = ☐ … ☐ 이므로

감을 ☐ 개씩 나누어 담으면 ☐ 개가 남습니다.

남는 감이 없으려면 감을 1개씩 더 나누어 담아야 합니다.

따라서 감은 적어도 ☐ − ☐ = ☐ (개)가 더 있어
          상자 수 나머지

야 합니다.

답 _____

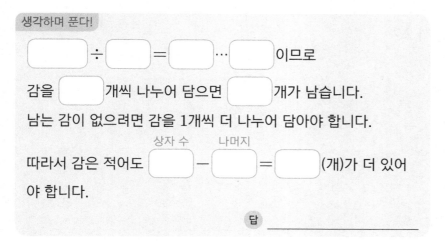

「사탕을 남김없이~」,
「감을 남김없이~」,
모두 나누어 주거나
모두 나누어 담으려면
부족한 수 만큼
채워주면 돼.
나누는 수에서 나머지
만큼 빼 주면 더 필요한
수가 된다 이거야.

13. 몫이 두 자리 수인 (세 자리 수) ÷ (두 자리 수) (2)

1. 어떤 수를 16으로 나누면 몫은 23이고, 나머지는 12입니다. 어떤 수는 얼마일까요?

대표 문제

> **생각하며 푼다!**
>
> 어떤 수를 □라 하면 □÷16= [23] ⋯ [ ] 에서
>
> 16 × [ ] = [ ] , [ ] + [ ] = □,
> 　　　　몫　　　　　　　　　　　　　나머지
>
> □ = [ ] 입니다.
>
> 　　　　　　　　　　　　　　답 _____

2. 어떤 수를 28로 나누면 몫은 41이고, 나머지는 15입니다. 어떤 수는 얼마일까요?

> **생각하며 푼다!**
>
> 어떤 수를 □라 하면 □÷ [28] = [ ] ⋯ [ ] 에서
>
> [ ] × [ ] = [ ] , [ ] + [ ] = □,
> 　　　　몫　　　　　　　　　　　　　　　　나머지
>
> □ = [ ] 입니다.
>
> 　　　　　　　　　　　　　　답 _____

3. 어떤 수를 32로 나누면 몫은 18이고, 나머지는 16입니다. 어떤 수는 얼마일까요?

> **생각하며 푼다!**
>
> 　　　　　　　　　　　　　　답 _____

1. 어떤 수에 ⟨19⟩를 곱해야 할 것을 잘못하여 나누었더니 몫이 ⟨24⟩이고, 나머지는 ⟨9⟩였습니다. 바르게 계산하면 얼마일까요?

😊 속닥속닥

문제에서 숫자는 ◯,
조건 또는 구하는 것은 ___로
표시해 보세요.

대표문제

생각하며 푼다!

어떤 수를 □라 하면 □÷19=[ ]···[ ]에서

19×[ ] (몫) =[ ], [ ]+[ ] (나머지) =□,

□=[ ] 입니다.

따라서 바르게 계산하면 [ ] (어떤 수) × [ ] (곱해야 할 수) =[ ] 입니다.

답 _____

2. 어떤 수에 34를 곱해야 할 것을 잘못하여 나누었더니 몫이 18이고, 나머지는 25였습니다. 바르게 계산하면 얼마일까요?

생각하며 푼다!

어떤 수를 □라 하면 □÷[ ]=[ ]···[ ]에서

34×[ ]=[ ], [ ]+[ ]=□,

□=[ ] 입니다.

따라서 바르게 계산하면 [ ] × [ ] =[ ] 입니다.

답 _____

3. 어떤 수에 15를 곱해야 할 것을 잘못하여 나누었더니 몫이 43이고, 나머지는 8이었습니다. 바르게 계산하면 얼마일까요?

_____

🐭 속닥속닥
• 몫이 가장 크려면
(가장 큰 세 자리 수)÷
(가장 작은 두 자리 수)
가 되어야 해요.

⭐ 수 카드를 한 번씩만 사용하여 몫이 가장 큰 (세 자리 수)
÷(두 자리 수)를 만들고 몫과 나머지를 구해 보세요.

1.
[6] [3] [2] [4] [5]

생각하며 푼다!

만들 수 있는 가장 [큰] 세 자리 수는 [＿＿＿]이고,

가장 [작은] 두 자리 수는 [＿＿＿]입니다.

따라서 [＿＿＿] ÷ [＿＿] = [＿＿＿] ⋯ [＿＿＿] 입니다.

답 몫: ＿＿＿＿＿＿＿＿, 나머지: ＿＿＿＿＿＿＿＿

2.
[7] [2] [5] [1] [8]

생각하며 푼다!

만들 수 있는 가장 [＿] 세 자리 수는 [＿＿＿]이고,

가장 [＿] 두 자리 수는 [＿＿＿]입니다.

따라서 [＿＿＿] ÷ [＿＿] = [＿＿＿] ⋯ [＿＿＿] 입니다.

답 몫: ＿＿＿＿＿＿＿＿, 나머지: ＿＿＿＿＿＿＿＿

3.
[2] [6] [0] [7] [3]

생각하며 푼다!

답 몫: ＿＿＿＿＿＿＿＿, 나머지: ＿＿＿＿＿＿＿＿

☆ 수 카드를 한 번씩만 사용하여 몫이 가장 큰 (세 자리 수) ÷(두 자리 수)를 만들고 몫과 나머지를 구해 보세요.

🐹 속닥속닥

• 카드의 수를 먼저 순서대로 나열한 다음 가장 큰 세 자리 수와 가장 작은 두 자리 수를 구해 보세요.

1.

| 1 | 7 | 9 | 2 | 8 |

생각하며 푼다!

만들 수 있는 가장 ☐ 세 자리 수는 ☐ 이고,

가장 ☐ 두 자리 수는 ☐ 입니다.

따라서 ☐ ÷ ☐ = ☐ ··· ☐ 입니다.

답 몫: _____ , 나머지: _____

2.

| 4 | 3 | 8 | 2 | 6 |

생각하며 푼다!

답 몫: _____ , 나머지: _____

3.

| 2 | 5 | 3 | 9 | 7 |

생각하며 푼다!

답 몫: _____ , 나머지: _____

점수 /100
한 문항당 10점

1. 가게에서 350원짜리 알사탕을 28개 샀습니다. 알사탕 28개의 값은 모두 얼마일까요?

( )

2. 하루에 412 km씩 달리는 자동차가 있습니다. 이 자동차가 31일 동안 달리면 모두 몇 km를 달리게 될까요?

( )

3. 공책 326권을 40명의 학생에게 똑같이 나누어 주려고 합니다. 한 명이 가지는 공책은 몇 권이 되고, 남는 공책은 몇 권일까요?

( ), ( )

4. 각도기 283개를 상자에 모두 담으려고 합니다. 한 상자에 60개씩 담으면 몇 상자에 모두 담을 수 있을까요?

( )

5. 배 296개를 한 상자에 16개씩 포장하여 팔려고 합니다. 몇 상자까지 팔 수 있을까요?

( )

6. 수지네 학교에서 461명이 수학 체험전을 가려고 합니다. 버스 한 대에 38명씩 탄다면 버스는 모두 몇 대 필요할까요?

( )

7. 어떤 수에 37을 곱해야 할 것을 잘못하여 나누었더니 몫이 14이고, 나머지는 22였습니다. 바르게 계산하면 얼마일까요? (20점)

( )

8. 수 카드를 한 번씩만 사용하여 몫이 가장 큰 (세 자리 수)÷(두 자리 수)를 만들고 몫과 나머지를 구해 보세요. (20점)

[3] [8] [5] [7] [6]

몫 ( )
나머지 ( )

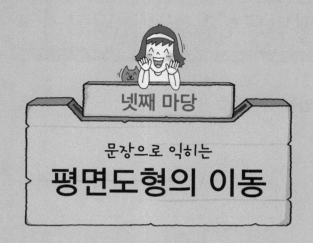

넷째 마당

문장으로 익히는
평면도형의 이동

넷째 마당에서는 평면도형의 이동을 이용한 문장제를 배웁니다.
여러분 주변에서 볼 수 있는 평면도형을
밀기, 뒤집기, 돌리기 하면서 어떻게 이동하였는지
말로 표현해 보세요.

모양 조각을 만들어 이동해 보면 더 쉽게 이해될 거예요!

14. 평면도형을 밀기, 뒤집기

⭐ 도형의 이동 방법을 설명해 보세요.

1.

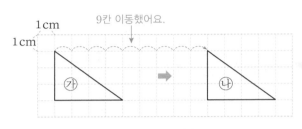

9칸 이동했어요.

🐭 도형의 한 점을 기준으로 생각하면 얼마나 이동했는지 쉽게 알 수 있어요.

㉯ 도형은 ㉮ 도형을 [　　] 쪽으로 [　] cm만큼 밀어서 이동한 도형입니다.

2.

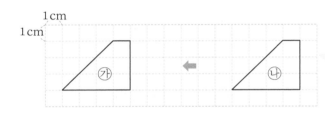

🐭 도형을 밀었을 때 모양은 변하지 않지만 위치는 바뀌어요.

㉮ 도형은 ㉯ 도형을 _____

3.

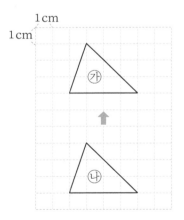

㉮ 도형은 ㉯ 도형을 [　] 쪽으로

[　] cm만큼 밀어서 이동한 도형

입니다.

4.

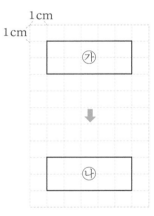

㉯ 도형은 ㉮ 도형을 _____

_____

_____

 도형의 이동 방법을 설명해 보세요.

1.

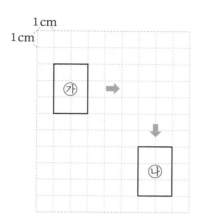

㉯ 도형은 ㉮ 도형을 [   ]쪽으로

[   ] cm 민 뒤 [   ]쪽으로

[   ] cm만큼 밀어서 이동한 도형
입니다.

2.

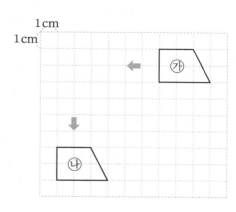

㉯ 도형은 ㉮ 도형을 _____

_____

_____

_____

3.

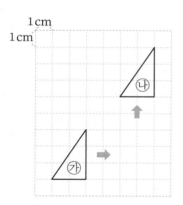

㉯ 도형은 ㉮ 도형을 [   ]쪽으로

[   ] cm 민 뒤 [   ]쪽으로

[   ] cm만큼 밀어서 이동한 도형
입니다.

4.

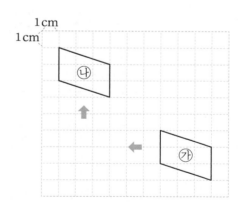

㉯ 도형은 ㉮ 도형을 _____

_____

_____

_____

⭐ 도형을 어느 방향으로 뒤집었는지 설명해 보세요.

1.

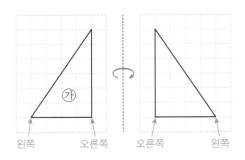

🐭 도형을 오른쪽이나 왼쪽으로 뒤집으면 도형의 오른쪽과 왼쪽이 서로 바뀌어요.

㉮ 도형을 _____쪽으로 뒤집었습니다.

2.

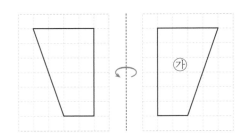

㉮ 도형을 _____

_____

3.

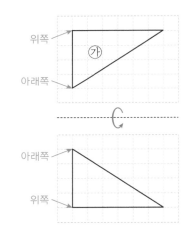

🐭 도형을 위쪽이나 아래쪽으로 뒤집으면 도형의 위쪽과 아래쪽이 서로 바뀌어요.

㉮ 도형을 _____

_____

4.

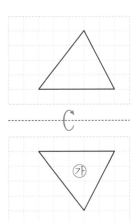

㉮ 도형을 _____

_____

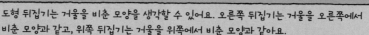

1. 도형 뒤집기에 대한 설명입니다. ☐ 안에 알맞은 말을 써넣으세요.

(1) 도형을 위쪽으로 두 번 뒤집으면 [처음 모양과 같습니다].

(2) 도형을 아래쪽으로 한 번 뒤집으면 도형의 위쪽 부분과 ☐쪽 부분의 모양
이 서로 바뀝니다.

(3) 도형을 오른쪽으로 한 번 뒤집었을 때의 모양과
☐쪽으로 한 번 뒤집었을 때의 모양은 같습니다.

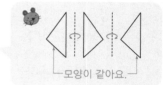

모양이 같아요.

(4) 도형을 왼쪽으로 한 번 뒤집으면 도형의 왼쪽 부분은
☐쪽으로, 오른쪽 부분은 ☐쪽으로 바뀝니다.

2. 숫자 6이 숫자 9가 되도록 두 번 뒤집었습니다. 뒤집는 방법을 설명해 보세요.

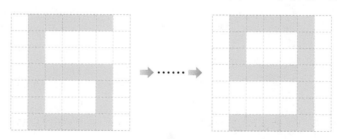

오른쪽(왼쪽) 뒤집기와 위쪽(아래쪽) 뒤집기를 각각 한 번씩 한 거예요.
헷갈리면 위 1번 문제를 다시 한 번 확인해 보세요.

방법1 숫자 6을 오른쪽 또는 ☐쪽으로 뒤집고, 다시 아래쪽 또는 ☐쪽으로
뒤집으면 9라는 숫자로 바뀝니다.

방법2 숫자 6을 위쪽 또는 ☐쪽으로 뒤집고, 다시 왼쪽 또는 ☐쪽으로
뒤집으면 9라는 숫자로 바뀝니다.

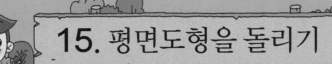

⭐ 도형 돌리기에 대한 설명입니다. ☐ 안에 알맞은 말을 써넣으세요.

1.

시계 반대 방향으로 90°만큼 돌리기　　　㉮　　　시계 방향으로 90°만큼 돌리기

(1) ㉮ 도형을 시계 방향으로 90°만큼 돌리면 도형의 위쪽 부분이 ☐ 쪽으로 바뀝니다.

(2) ㉮ 도형을 시계 반대 방향으로 90°만큼 돌리면 도형의 위쪽 부분이 ☐ 쪽으로 바뀝니다.

2.

시계 반대 방향으로 180°만큼 돌리기　　　㉮　　　시계 방향으로 180°만큼 돌리기

└─────── 모양이 같아요. ───────┘

(1) ㉮ 도형을 시계 방향으로 180°만큼 돌리면 도형의 위쪽 부분이 ☐ 쪽으로 바뀝니다.

(2) ㉮ 도형을 시계 반대 방향으로 180°만큼 돌리면 도형의 위쪽 부분이 ☐ 쪽으로 바뀝니다.

(3) 도형을 180°만큼 돌릴 때는 시계 방향으로 돌리는 경우와 시계 반대 방향으로 돌리는 경우의 모양이 ☐.

 도형 돌리기에 대한 설명입니다. ☐ 안에 알맞은 수나 말을 써넣으세요.

1.

시계 반대 방향으로 270°만큼 돌리기　　　　㉮　　　　시계 방향으로 270°만큼 돌리기

시계 방향으로 90°만큼
돌린 모양과 같아요.

시계 반대 방향으로 90°만큼
돌린 모양과 같아요.

(1) ㉮ 도형을 시계 방향으로 270°만큼 돌린 모양은 시계 반대 방향으로

☐°만큼 돌린 모양과 같습니다.

(2) ㉮ 도형을 시계 반대 방향으로 270°만큼 돌린 모양은 시계 방향으로

☐°만큼 돌린 모양과 같습니다.

🐻 360°만큼 돌리면
처음 모양과 같아져요.

2.

시계 반대 방향으로 360°만큼 돌리기　　　　㉮　　　　시계 방향으로 360°만큼 돌리기

─── 모양이 같아요. ───

(1) 도형을 360°만큼 돌린 모양은 도형을 180°만큼 ☐번 돌린 도형과

　같습니다　.

(2) 도형을 360°만큼 돌린 모양은 처음 모양과 ☐.

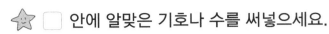 ☆ ☐ 안에 알맞은 기호나 수를 써넣으세요.

1.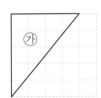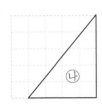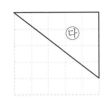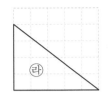

🐭 시계 반대 방향으로 270°만큼 돌렸으니까
시계 방향으로 90°만큼 돌린 도형을 생각해도 돼요.

(1) ㉮ 도형을 시계 반대 방향으로 270°만큼 돌리면 ☐ 도형이 됩니다.

(2) ㉯ 도형을 시계 방향으로 180°만큼 돌리면 ☐ 도형이 됩니다.

2.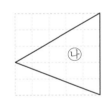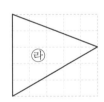

(1) ㉮ 도형을 시계 방향으로 90°만큼 돌리면 ☐ 도형이 됩니다.

(2) ㉯ 도형을 시계 반대 방향으로 ☐°만큼 돌리면 ㉱ 도형이 됩니다.

3.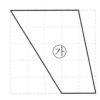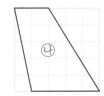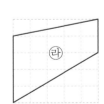

(1) ㉮ 도형을 시계 방향으로 90°만큼 돌리면 ☐ 도형이 됩니다.

(2) ㉯ 도형을 시계 반대 방향으로 ☐°만큼 돌리면 ㉣ 도형이 됩니다.

1. 세 자리 수가 적힌 카드를 시계 방향으로 180°만큼 돌렸을 때 만들어지는 수와 처음 수의 합을 구해 보세요.

🐭 시계 방향으로 180°만큼 돌린 수는 거꾸로 보이는 수와 같아요. 책을 180°만큼 돌려서 수를 읽어 보세요.

생각하며 푼다!

959가 적힌 카드를 시계 방향으로 180°만큼 돌리면 [   ]이 됩니다.

따라서 두 수의 합은 [   ] + [   ] = [   ] 입니다.

답 _____

2. 세 자리 수가 적힌 카드를 시계 방향으로 180°만큼 돌렸을 때 만들어지는 수와 처음 수의 차를 구해 보세요.

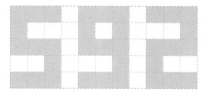

생각하며 푼다!

답 _____

⭐ ☐ 안에 알맞은 말이나 수를 써넣고 도형을 움직인 방법을 설명해 보세요.

1.

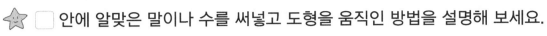

오른쪽으로 [뒤집기]   시계 반대 방향으로 [ ]°만큼 돌리기

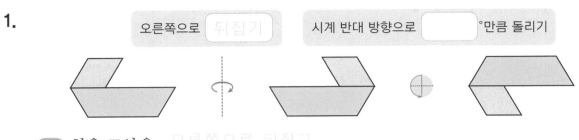

방법 처음 모양을 ____오른쪽으로 뒤집고_____

만큼 돌리기를 했습니다.

2.

시계 방향으로 [ ]°만큼 돌리기   [ ]쪽으로 뒤집기

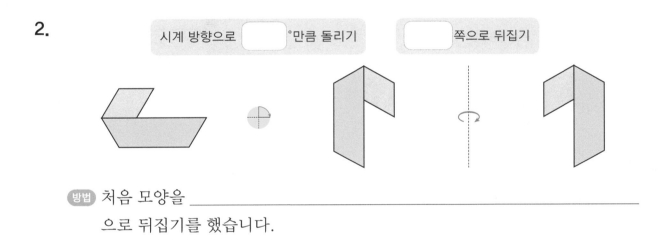

방법 처음 모양을 _____

으로 뒤집기를 했습니다.

🐭 뒤집기를 짝수 번 하면
처음 모양과 같아요.

🐭 시계 방향으로 90°만큼 4번 또는
180°만큼 2번 돌리기 하면 처음 모양과 같아요.

3.

위쪽으로 2번 [뒤집기]   시계 방향으로 90°만큼 4번 [ ]

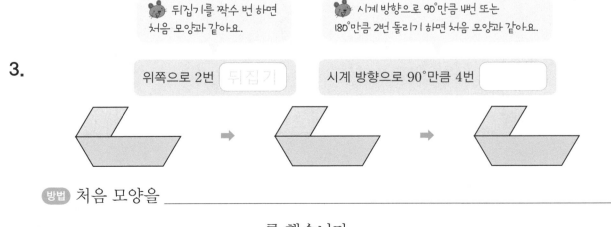

방법 처음 모양을 _____

_____를 했습니다.

⭐ 처음 도형을 움직인 방법을 설명해 보세요.

1.

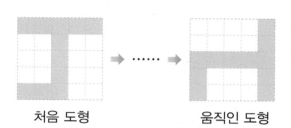

처음 도형　　　　　　움직인 도형

방법1 처음 모양을 <u>시계 방향으로 90°만큼 돌리기</u>를 한 다음 <u>아래쪽</u>으로 뒤집었습니다.

방법1 따라쓰기 처음 모양을 _시계_____

_____

🐻 시계 방향으로 90°만큼 돌린 모양은 시계 반대 방향으로 270°만큼 돌린 모양과 같아요.
아래쪽으로 뒤집은 모양은 위쪽으로 뒤집은 모양과 같아요.

🐭 방법1 에서 밑줄 친 부분을 다른 표현으로 설명해 보세요.

방법2 처음 모양을 _시계 반대 방향으로_____

_____

2.

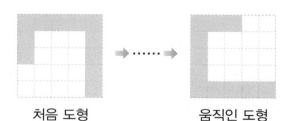

처음 도형　　　　　　움직인 도형

방법 처음 모양을 시계 반대 방향으로 _____ 돌리기를 한 다음

_____으로 뒤집었습니다.

⭐ 무늬를 보고 알맞은 말에 ◯표 하세요.

1.

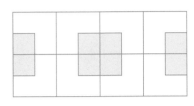

방법 ▭ 모양을 (오른쪽 , 아래쪽)으로 뒤집기를 반복해서 ▭▭▭ 모양을 만들고 그 모양을 (왼쪽 , 아래쪽)으로 (밀어서 , 뒤집어서) 무늬를 만들었습니다.

2.

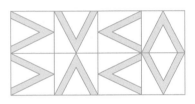

방법 ▷ 모양을 (시계 방향 , 시계 반대 방향)으로 (90° , 180°)만큼 돌리는 것을 반복해서 ▷∨◁∧ 모양을 만들고 그 모양을 아래쪽으로 (밀어서 , 뒤집어서) 무늬를 만들었습니다.

3.

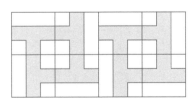

방법 ▭ 모양을 (시계 방향 , 시계 반대 방향)으로 (90° , 180°)만큼 돌리는 것을 반복해서 ▭ 모양을 만들고 그 모양을 (아래쪽 , 오른쪽)으로 (밀어서 , 뒤집어서) 무늬를 만들었습니다.

☆ 의 모양으로 밀기, 뒤집기, 돌리기를 이용하여 규칙적인 무늬를 만들었습니다.
어떤 규칙으로 만들었는지 설명해 보세요.

1.

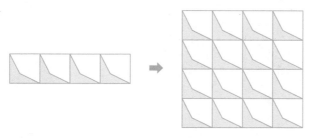

방법 모양을 오른쪽으로 ____밀어서____ 모양을 만들고 다시 그 모양을

_____쪽으로 밀어서 무늬를 만들었습니다.

2.

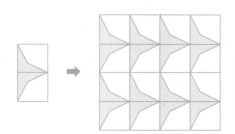

🐭 다른 표현으로 설명할 수도 있어요.
• 아래쪽으로 뒤집기 → 위쪽으로 뒤집기
• 오른쪽으로 뒤집기 → 왼쪽으로 뒤집기

방법 모양을 아래쪽으로 ____뒤집어서____ 모양을 만들고 다시 그 모양을

오른쪽과 아래쪽으로 ____밀어서____ 무늬를 만들었습니다.

3.

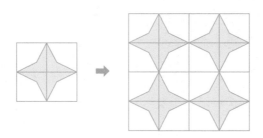

방법 모양을 시계 방향으로 _____°만큼 돌리는 것을 반복해서

모양을 만들고 그 모양을 ____오른____쪽과 _____쪽으로

_____ 무늬를 만들었습니다.

4. 평면도형의 이동

1. 도형의 이동 방법을 설명해 보세요.

(20점)

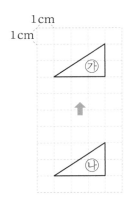

1cm
1cm

㉮ 도형은 ㉯ 도형을 □ 쪽으로
□ cm만큼 □ 이동한 도형입니다.

2. □ 안에 알맞은 말을 써넣으세요.

도형을 위쪽으로 한 번 뒤집으면 도형의 위쪽 부분은 □ 쪽으로, 아래쪽 부분은 □ 쪽으로 바뀝니다.

3. □ 안에 알맞은 수를 써넣으세요.

도형을 시계 방향으로 90°만큼 돌린 모양은 시계 반대 방향으로 □ °만큼 돌린 모양과 같습니다.

4. 세 자리 수가 적힌 카드를 시계 방향으로 180°만큼 돌렸을 때 만들어지는 수와 처음 수의 차를 구해 보세요.

(20점)

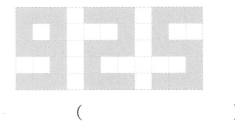

( )

⭐ 알맞은 말에 ○표 하세요. [5~6]

(각 20점)

5.

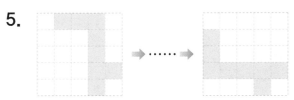

[방법] 처음 모양을 시계 방향으로 (180°, 270°)만큼 돌리기를 한 다음 (아래쪽 , 오른쪽)으로 뒤집었습니다.

6.

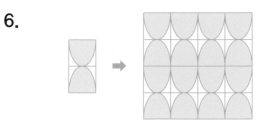

[방법] □ 모양을 (오른쪽 , 아래쪽)으로 (뒤집어서 , 돌려서) 모양을 만들고 다시 그 모양을 오른쪽과 아래쪽으로 (밀어서 , 돌려서) 무늬를 만들었습니다.

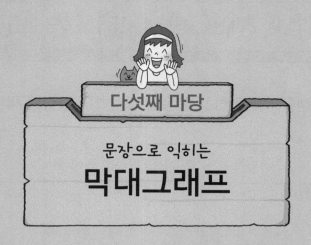

다섯째 마당

문장으로 익히는
막대그래프

다섯째 마당에서는 막대그래프를 이용한 문장제를 배웁니다.
3학년 때 자료를 표로 나타내는 방법을 배운 것에 이어서
이번엔 자료를 막대그래프로 나타내어 볼 거예요.
막대그래프를 그리면서 무엇을 알 수 있는지 말로 표현해 보세요.

막대그래프를 이용하면
자료의 크기를 쉽게
비교할 수 있어요!

17. 막대그래프, 막대그래프를 보고 내용 알아보기

⭐ 주영이네 반 학생들이 좋아하는 운동을 조사하여 나타낸 막대그래프입니다. 물음에 답하세요.

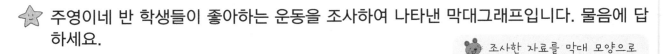
🐭 조사한 자료를 막대 모양으로 나타낸 그래프를 막대그래프라고 해요.

막대의 길이가 나타내는 것 → **좋아하는 운동별 학생 수**

세로 눈금 한 칸 → 0

세로가 나타내는 것 → 학생 수 / 운동

가로가 나타내는 것

1. 가로는 무엇을 나타내나요?

_____

2. 세로는 무엇을 나타내나요?

_____

3. 막대의 길이는 무엇을 나타내나요?

_____

4. 세로 눈금 한 칸은 몇 명을 나타내나요?

_____

⭐ 학생들이 좋아하는 과일을 조사하여 나타낸 표와 막대그래프입니다. 물음에 답하세요.

좋아하는 과일별 학생 수

과일	수박	사과	딸기	망고	포도	합계
학생 수(명)	3	8	7	9	5	32

좋아하는 과일별 학생 수

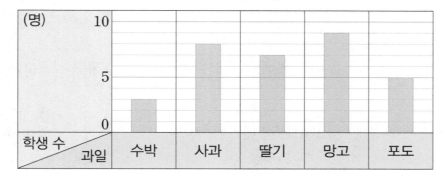

1. 표와 막대그래프 중 전체 학생 수를 알아보려면 어느 자료가 더 편리한가요?

   _____

2. 표와 막대그래프 중 가장 많은 학생들이 좋아하는 과일을 알아보려면 어느 자료가 한눈에 더 잘 드러나나요?

   _____

3. 표와 그래프의 장점을 설명한 것입니다. 알맞은 말에 ○표 하세요.

   (1) (표, 막대그래프)는 좋아하는 과일별 학생 수를 구하기 편리합니다.

   (2) (표, 막대그래프)는 조사한 전체 학생 수를 구하기 편리합니다.

   (3) (표, 막대그래프)는 좋아하는 과일별 학생 수를 한눈에 쉽게 비교하기 편리합니다.

다음은 어느 날의 지역별 강수량을 조사하여 나타낸 막대그래프입니다. 물음에 답하세요.

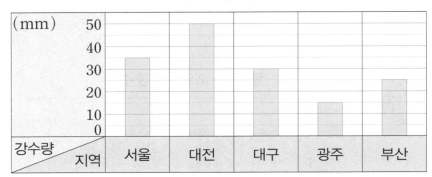

지역별 강수량

1. 세로 눈금 한 칸은 몇 mm를 나타내나요?

생각하며 푼다!

세로 눈금 2칸이 10 mm를 나타내므로 세로 눈금 한 칸은 10÷2=☐ (mm)를 나타냅니다.

답 _____

막대그래프의 한 칸은 무조건 1을 나타내는 것이 아니에요.

2. 강수량이 가장 많은 지역은 어디인가요?

_____

3. 강수량이 두 번째로 많은 지역은 어디인가요?

_____

4. 부산의 강수량은 몇 mm인가요?

_____

5. 광주의 강수량의 2배인 지역은 어디인가요?

_____

준석이네 반과 호영이네 반 학생들에게 현장 체험 학습을 가고 싶은 장소를 조사하여 나타낸 막대그래프입니다. 물음에 답하세요.

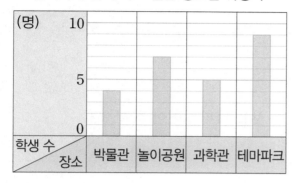

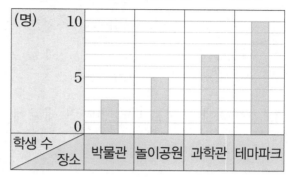

1. 준석이네 반 학생들이 가장 많이 가고 싶어 하는 현장 체험 학습 장소는 어디일까요?

_____

2. 호영이네 반 학생들이 가장 많이 가고 싶어 하는 현장 체험 학습 장소는 어디일까요?

_____

3. 준석이네 반과 호영이네 반이 함께 현장 체험 학습을 가려고 합니다. 막대그래프를 보고 현장 체험 학습 장소를 정한다면 어디가 좋을까요? 그 이유는 무엇인가요?

장소: _____

이유 준석이네 반과 호영이네 반 학생들이 _가장_____

현장 체험 학습 장소이기 때문입니다.

⭐ 주영이네 반 학생들이 좋아하는 간식별 학생 수를 표로 나타내었습니다. 이 표를 막대 그래프로 나타내려고 합니다. 물음에 답하세요.

좋아하는 간식별 학생 수

간식	떡볶이	치킨	피자	햄버거	핫도그	합계
학생 수(명)	9	13	7	8	3	40

1. 가로에 간식을 나타낸다면 세로에는 무엇을 나타내어야 할까요?

_____

2. 세로 눈금 한 칸이 학생 1명을 나타낸다면 각각의 학생 수는 몇 칸으로 나타내어야 할까요?

떡볶이: ____9칸____, 치킨: _____, 피자: _____,

햄버거: _____, 핫도그: _____

3. 표를 보고 막대그래프로 나타내어 보세요.

🐭 간식마다 좋아하는 학생 수만큼 막대 길이가 되도록 그려 보세요.

좋아하는

(명)	15					
	10					
	5					
	0					
학생 수 \ 간식		떡볶이	치킨	피자	햄버거	핫도그

4. 표를 보고 가로에는 학생 수, 세로에는 간식이 나타나도록 가로로 된 막대그래프로 나타내어 보세요.

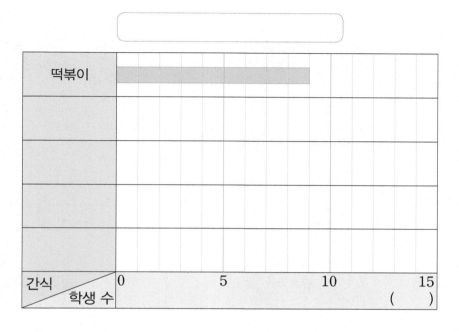

5. 표를 보고 학생 수가 적은 것부터 차례대로 막대그래프로 나타내어 보세요.

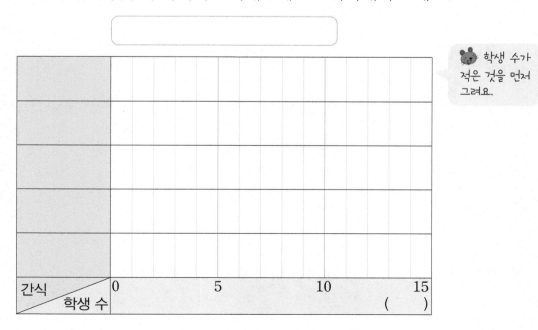

🐭 학생 수가 적은 것을 먼저 그려요.

준형이네 학교 학생들이 가 보고 싶은 나라를 조사하였습니다. 표를 보고 막대그래프로 나타내려고 합니다. 물음에 답하세요.

가 보고 싶은 나라별 학생 수

나라	미국	호주	스위스	일본	중국	합계
학생 수(명)	12	16	8	10	6	52

1. 표를 보고 막대그래프로 나타내어 보세요.

2. 막대그래프에서 세로 눈금 한 칸은 몇 명을 나타내나요?

세로 눈금 한 칸이 항상 1명을 나타내는 것은 아니에요.

생각하며 푼다!

학생 10명을 나타내는 큰 눈금 한 칸을 작은 눈금 [5]칸으로 나누었으므로 세로 눈금 한 칸은

10÷[ ]=[ ](명)을 나타냅니다.

답 _____

3. 학생들이 가고 싶어 하는 나라 순서대로 쓰세요.

_____, _____, _____, _____, _____

어느 마을별 초등학생 수를 조사하였습니다. 표를 보고 막대그래프로 나타내려고 합니다. 물음에 답하세요.

마을별 초등학생 수

마을	금빛	별빛	달빛	은빛	햇빛	합계
학생 수(명)	20	35	15	45	30	145

1. 표를 보고 막대그래프로 나타내어 보세요.

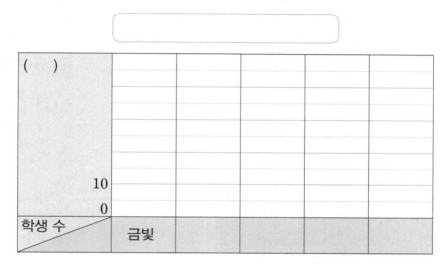

2. 막대그래프에서 세로 눈금 한 칸은 몇 명을 나타내나요?

생각하며 푼다!

세로 눈금 2칸이 학생 10명을 나타내므로 세로 눈금 한 칸은 10÷ ☐ = ☐ (명)을 나타냅니다.

답 _____

3. 막대그래프에서 초등학생이 가장 많은 마을과 가장 적은 마을은 각각 어디인가요?

가장 많은 마을: _____, 가장 적은 마을: _____

⭐ 정우의 이야기를 읽고 물음에 답하세요.

체육 시간에 우리 반 모둠별 줄넘기 대회가 열렸습니다. 1모둠은 350회, 2모둠은 250회, 3모둠은 450회, 4모둠은 400회, 5모둠은 300회를 기록하였습니다.

1. 가로에는 무엇을 나타내어야 하나요?

정우네 반 _____의 이름

2. 세로 눈금 한 칸의 크기는 몇 회로 나타내어야 하나요?

_____

3. 막대그래프를 완성해 보세요.

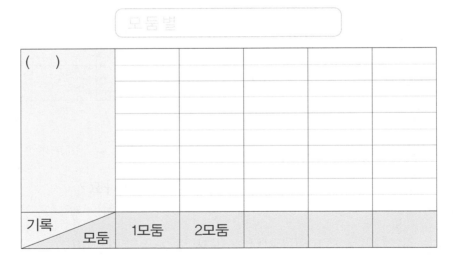

모둠별

( )				
기록＼모둠	1모둠	2모둠		

4. 막대그래프에서 알 수 있는 내용을 써 보세요.

(1) 줄넘기 기록이 가장 높은 모둠은 _____이고, 줄넘기 기록이 가장 적은

모둠은 _____입니다.

(2) 1모둠은 2모둠보다 ____100회____ 더 많고,

4모둠은 5모둠보다 _____

⭐ 지아네 마을과 현서네 마을의 초등학교 입학생 수를 나타낸 것입니다. 물음에 답하세요.

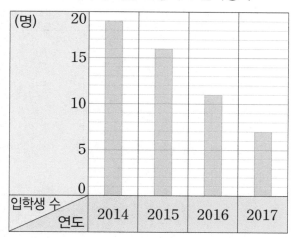

지아네 마을 초등학교 입학생 수

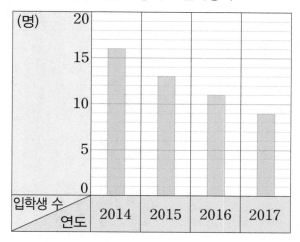

현서네 마을 초등학교 입학생 수

🐭 세로 눈금 5칸이 5명을 나타내요.
그럼 세로 눈금 한 칸은 몇 명을 나타낼까요?

1. 2014년에 지아네 마을과 현서네 마을의 초등학교 입학생 수는 각각 몇 명인가요?

지아네 마을: _____, 현서네 마을: _____

2. 2015년에 지아네 마을과 현서네 마을의 초등학교 입학생 수의 차는 몇 명인가요?

_____

🐭 두 마을 모두 2014년 이후부터
입학생 수가 점점 줄어들고 있어요.

3. 2018년에 각 마을의 초등학교 입학생 수를 바르게 예상한 사람은 누구일까요?

- 지아: 2018년에 우리 마을의 초등학교 입학생 수는 5명 정도일 것 같아.
- 현서: 2018년에 우리 마을의 초등학교 입학생 수는 12명 정도일 것 같아.

_____

대한민국 역대 올림픽의 종목별 금메달 수를 조사하여 나타낸 막대그래프입니다. 물음에 답하세요.

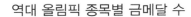

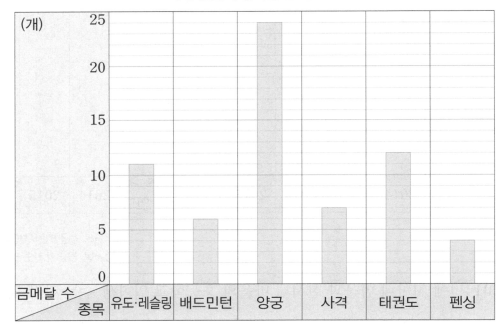

1. 종목별로 각각 몇 개의 금메달을 획득하였나요?

유도·레슬링: _____, 배드민턴: _____, 양궁: _____,

사격: _____, 태권도: _____, 펜싱: _____

2. 위 막대그래프에 나타난 내용으로 바르게 설명한 것에 ○표, 잘못 설명한 것에 ×표 하세요.

(1)	사격의 금메달은 8개입니다.	(	)
(2)	양궁의 금메달 수가 가장 많습니다.	(	)
(3)	태권도의 금메달 수는 배드민턴의 금메달 수의 2배입니다.	(	)
(4)	유도·레슬링의 금메달 수는 펜싱의 금메달 수의 2배입니다.	(	)

성국이네 반 학생들이 체험해 보고 싶은 올림픽 경기 종목을 막대그래프로 나타내려고
합니다. 물음에 답하세요.

학생들이 체험해 보고 싶은 올림픽 경기 종목

경기 종목	양궁	탁구	사격	태권도	수영	승마	합계
학생 수(명)	5	7	3	9	6	2	32

1. 표를 보고 막대그래프로 나타내어 보세요.

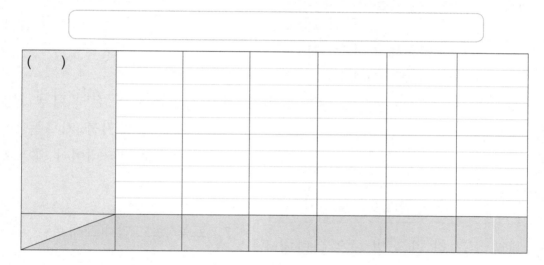

학생들이 가장 많이 체험해
보고 싶은 종목은 무엇일까요?

2. 위 결과에 따라 성국이네 반 학생들이 한 가지를 체험해 본다면 어떤 경기 종목을 선
택해야 할까요? 그렇게 생각한 이유를 써 보세요.

경기 종목: _____

이유 _____

_____

5. 막대그래프

1. ☐ 안에 알맞은 말을 써넣으세요.

조사한 자료를 막대 모양으로 나타낸 그래프를 ☐☐☐☐☐ 라고 합니다.

⭐ 수민이네 학교 학생들이 좋아하는 계절을 조사하여 나타낸 막대그래프입니다. 물음에 답하세요. [2~4]

좋아하는 계절별 학생 수

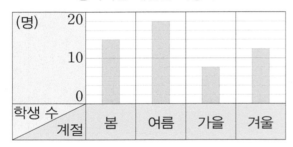

2. 세로 눈금 한 칸은 몇 명을 나타내나요?

( )

3. 가장 많은 학생들이 좋아하는 계절은 무엇인가요?

( )

4. 봄을 좋아하는 학생은 가을을 좋아하는 학생보다 몇 명 더 많을까요?

( )

⭐ 지안이네 반 학생들이 기르는 애완동물 수를 막대그래프로 나타내려고 합니다. 물음에 답하세요. [5~8]

기르는 애완동물별 학생 수

애완동물	강아지	고양이	햄스터	토끼	합계
학생 수(명)	7	2	9	5	23

5. 가로에 애완동물을 나타낸다면 세로에는 무엇을 나타내어야 할까요?

( )

6. 세로 눈금 한 칸이 학생 1명을 나타낸다면 강아지를 기르는 학생 수는 몇 칸으로 나타내어야 할까요?

( )

7. 표를 보고 막대그래프로 나타내어 보세요. (30점)

(명)

학생 수 / 애완동물

8. 가장 많이 기르는 애완동물부터 차례로 알아볼 때, 한눈에 쉽게 알아볼 수 있는 것은 표와 막대그래프 중 어느 것일까요?

( )

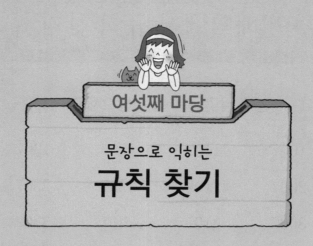

여섯째 마당

문장으로 익히는
규칙 찾기

여섯째 마당에서는 규칙 찾기를 이용한 문장제를 배웁니다.
여러분 생활 속에는 많은 규칙이 있어요.
사물함 번호, 달력뿐 아니라 옷의 무늬에서도 규칙을 찾을 수 있지요.
생활 주변의 물건을 관찰하면서 규칙을 설명해 보세요.

규칙은 하나가 아닐 수도
있어요. 다양한 규칙을
찾아보세요!

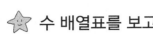 수 배열표를 보고 ☐ 안에 알맞은 수를 써넣으세요.

1007	1107	1207	1307	1407
2007	2107	2207	2307	2407
3007	3107	3207	3307	3407
4007	4107	4207	4307	4407
5007	5107	5207	5307	5407

1. 가로에서 규칙을 찾아보세요.

(1) 규칙 1007부터 시작하여 오른쪽으로 ☐100☐ 씩 커집니다.

(2) 규칙 5407부터 시작하여 왼쪽으로 ☐☐☐ 씩 작아집니다.

2. 세로에서 규칙을 찾아보세요.

(1) 규칙 1007부터 시작하여 아래쪽으로 ☐1000☐ 씩 커집니다.

(2) 규칙 5407부터 시작하여 위쪽으로 ☐☐☐ 씩 작아집니다.

3. 연두색으로 색칠된 칸에서 규칙을 찾아보세요.

(1) 규칙 ↘ 방향은 1007부터 시작하여 ☐☐☐ 씩 커집니다.

(2) 규칙 ↖ 방향은 5407부터 시작하여 ☐☐☐ 씩 작아집니다.

⭐ 규칙적인 수의 배열에서 ■, ●에 알맞은 수를 구하세요. [1~2]

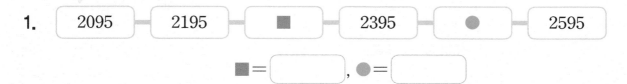

🐻 2095부터 시작하여 오른쪽으로 얼마씩 커지고 있을까요?
변하는 숫자에 동그라미를 표시해 보세요.

1. | 2095 | 2195 | ■ | 2395 | ● | 2595 |

■ = [   ] , ● = [   ]

🐭 1134부터 시작하여 오른쪽으로 얼마씩 커지고 있을까요?

2. | 1134 | 1235 | 1336 | ■ | 1538 | ● |

■ = [   ] , ● = [   ]

3. 수 배열의 규칙에 따라 ■에 알맞은 수를 구하고 그 이유를 설명하세요.

■

42014	42015	42016	42017	42018
52014	52015	52016	52017	52018
62014	62015	62016	62017	62018
72014	72015	72016	72017	72018
82014	82015	82016	82017	82018

■에 알맞은 수: [   ]

이유 82018부터 시작하여 ↖ 방향으로 [10001] 씩 작아지는 규칙이므로

42014보다 [   ] 작은 수는 [   ] 입니다.

⭐ 수의 배열에서 규칙을 찾고 빈칸에 알맞은 수를 써넣으세요.

1.

| 1208 | 1218 | 1238 | 1268 | 1308 | 1358 | |

+10   +20   +30   +40   +50   + ▢

규칙 1208부터 시작하여 오른쪽으로 늘어나는 수가 10부터 `10` 씩 커지는 규칙이 있습니다.

2.

| 4163 | 4263 | 4463 | 4763 | 5163 | 5663 | |

규칙 4163부터 시작하여 오른쪽으로 늘어나는 수가 100부터 ▢ 씩 커지는 규칙이 있습니다.

3.

| 4 | 8 | 16 | 32 | | 128 | 256 |

규칙 4부터 시작하여 오른쪽으로 ▢ 씩 곱하는 규칙이 있습니다.

256에서부터 왼쪽으로 ▢ 씩 나누는 규칙이 있습니다.

4.

| 6 | 18 | 54 | 162 | 486 | | 4374 |

규칙 6부터 시작하여 오른쪽으로 ▢ 씩 곱하는 규칙이 있습니다.

4374에서부터 왼쪽으로 ▢ 씩 나누는 규칙이 있습니다.

⭐ 수 배열표를 보고 ☐ 안에 알맞은 수나 말을 써넣으세요.

×	105	206	307	408	509
11	5	6	7	8	9
12	0	2	4	★	8
13	5	8	1	4	7
14	0	4	8	2	6
15	5	♥	5	0	5

1. 105×11＝1155인데 수 배열표에는 ⬜5 가 있습니다.

2. 105×12＝1260인데 수 배열표에는 ☐이 있습니다.

3. 206×13＝2678인데 수 배열표에는 ☐이 있으므로 두 수의 곱셈의 결과에서 ⬜일의 자리 숫자를 쓰면 됩니다.

4. 수 배열표에서 발견할 수 있는 규칙을 써 보세요.
　규칙 두 수의 곱셈의 결과에서 ☐의 자리 숫자를 씁니다.

5. ★에는 408×12＝4896에서 일의 자리 숫자인 ☐이 들어갑니다.

6. ♥에는 206×15＝3090에서 일의 자리 숫자인 ☐이 들어갑니다.

⭐ 모형의 배열에서 여섯째에 알맞은 모양을 그려 보고 규칙을 써 보세요.

1. 첫째 둘째 셋째 넷째 다섯째

늘어나는 규칙을 알아보아요.
왼쪽
아래쪽

여섯째

규칙 모형이 1개에서 시작하여 왼쪽과 [아래]쪽으로 각각 [ ]개씩 더 늘어나는

규칙입니다.

2. 첫째 둘째 셋째 넷째 다섯째

늘어나는 규칙을 알아보아요.
위쪽
오른쪽

여섯째

규칙 모형이 1개에서 시작하여 위쪽과 _____

늘어나는 규칙입니다.

⭐ 도형의 배열에서 빈칸에 알맞은 모양을 그려 보고 규칙을 써 보세요.

🐭 도형의 배열에서 분홍색 부분을 기준으로 살펴보세요.

1.

첫째　　둘째　　　셋째　　　넷째　　　다섯째　　　여섯째

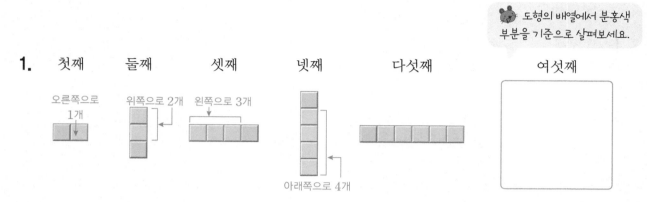

규칙 분홍색 도형을 중심으로 시계 반대 방향으로 돌리기 하여 도형의 개수가

1개, 2개, ☐개, ☐개……씩 늘어나는 도형입니다.

2.

첫째　　　둘째　　　셋째　　　넷째　　　　다섯째

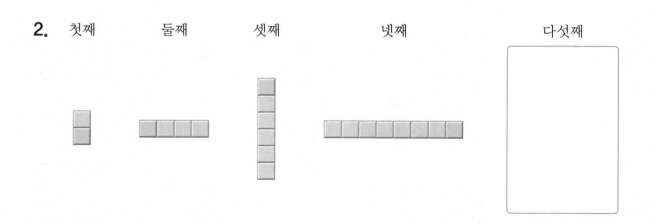

규칙 분홍색 도형을 중심으로 ☐시계☐ 방향으로 돌리기 하여 도형의 개수가 1개,

3개, ☐개, ☐개……씩 늘어나는 도형입니다.

⭐ 도형의 배열에서 규칙을 찾아 빈칸에 알맞은 모양을 그려 보고 ☐ 안에 알맞은 수를 써 넣으세요.

1.

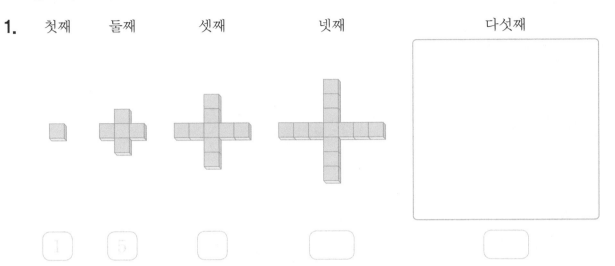

| 첫째 | 둘째 | 셋째 | 넷째 | 다섯째 |

1   5   ☐   ☐   ☐

규칙 도형의 개수가 1개에서 시작하여 위쪽, 아래쪽, 왼쪽, 오른쪽에 각각 ☐ 개씩 더 늘어나는 규칙입니다.

2.

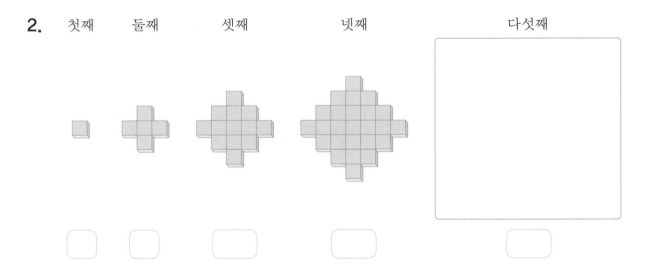

| 첫째 | 둘째 | 셋째 | 넷째 | 다섯째 |

☐   ☐   ☐   ☐   ☐

규칙 도형의 개수가 1개에서 시작하여 4개, 8개, ☐ 개, ☐ 개……씩 점점 늘어나는 규칙입니다.

⭐ 도형의 배열에서 규칙을 찾아 빈칸에 알맞은 모양을 그려 보고 ⬚ 안에 알맞은 수를 써 넣으세요. 또, 여섯째에 알맞은 도형에서 사각형은 몇 개인지 구하세요.

1.

| 첫째 | 둘째 | 셋째 | 넷째 | 다섯째 | 여섯째 |

🐹 가로: 2개, 세로: 2개

⬚ ⬚ ⬚ ⬚ ⬚

생각하며 푼다!

가로와 세로의 개수가 각각 1개씩 더 늘어나서 이루어진 정사각형 모양입니다.

여섯째에 알맞은 도형은 가로 ⬚ 개, 세로 ⬚ 개로 이루어진 정사각형 모양으로

사각형은 모두 ⬚ × ⬚ = ⬚ (개)입니다.

답 _____

2.

| 첫째 | 둘째 | 셋째 | 넷째 | 다섯째 | 여섯째 |

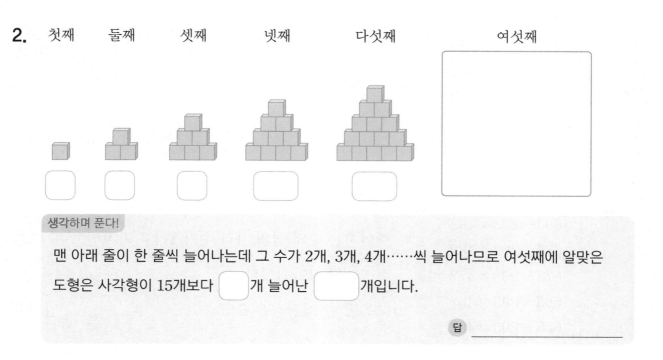

⬚ ⬚ ⬚ ⬚ ⬚

생각하며 푼다!

맨 아래 줄이 한 줄씩 늘어나는데 그 수가 2개, 3개, 4개……씩 늘어나므로 여섯째에 알맞은

도형은 사각형이 15개보다 ⬚ 개 늘어난 ⬚ 개입니다.

답 _____

⭐ 계산식을 보고 ☐ 안에 알맞은 수나 말을 써넣으세요.

1.

$$153 + 306 = 459$$
$$153 + 406 = 559$$
$$153 + 506 = 659$$
$$153 + 606 = 759$$
$$153 + 706 = 859$$

➡ 더하는 수의 백의 자리 수가 1씩 커지면

두 수의 합은 ☐ 씩 커집니다.

다음에 올 계산식은

$153 +$ ☐ $=$ ☐ 입니다.

🐭 153+306=459
153+406=559
153+506=659
153+606=759
153+706=859

2.

$$402 + 314 = 716$$
$$412 + 324 = 736$$
$$422 + 334 = 756$$
$$432 + 344 = 776$$
$$442 + 354 = 796$$

➡ 십의 자리 수가 각각 1씩 커지면

두 수의 합은 ☐ 씩 커집니다.

🐭 402+314=716 +20
412+324=736 +20
422+334=756 +20
432+344=776 +20
442+354=796

3.

$$554 - 214 = 340$$
$$664 - 324 = 340$$
$$774 - 434 = 340$$
$$884 - 544 = 340$$
$$994 - 654 = 340$$

➡ 같은 자리의 수가 똑같이 커지는 두 수의 차는 항상

일정 합니다.

4.

$$695 - 203 = 492$$
$$685 - 203 = 482$$
$$675 - 203 = 472$$
$$665 - 203 = 462$$
$$655 - 203 = 452$$

➡ 빼어지는 수의 십의 자리 수가 1씩 작아지면 두 수의 차는

☐ 씩 작아집니다.

다음에 올 계산식은 $645 -$ ☐ $=$ ☐ 입니다.

1. 계산식의 규칙에 따라 빈칸에 알맞은 식을 써넣으세요.

(1)

$$900+1400=2300$$
$$900+2400=3300$$
$$900+3400=4300$$
$$\boxed{}$$
$$900+5400=6300$$

(2)

$$72000-8000=64000$$
$$62000-8000=54000$$
$$52000-8000=44000$$
$$\boxed{}$$
$$32000-8000=24000$$

2. 규칙적인 계산식을 보고 물음에 답하세요.

순서	계산식
첫째	$200+500-300=400$
둘째	$300+600-400=500$
셋째	$400+700-500=600$
넷째	$500+800-600=700$
다섯째	

(1) 계산식의 규칙을 써 보세요.

규칙 200, 300, 400······과 같이 100씩 커지는 수에 각각 500, 600, 700······과

같이 $\boxed{100}$ 씩 커지는 수를 더하고 300, 400, 500······과 같이 $\boxed{}$

씩 커지는 수를 빼면 결과도 $\boxed{}$ 씩 커집니다.

(2) 다섯째 빈칸에 알맞은 계산식을 써 보세요.

식 _____$600+900-700=800$_____

(3) 규칙에 따라 계산 결과가 1000이 되는 계산식을 써 보세요.

식 _____

⭐ 계산식을 보고 ☐ 안에 알맞은 수를 써넣으세요.

1.

$$10 \times 30 = 300$$
$$20 \times 30 = 600$$
$$30 \times 30 = 900$$
$$40 \times 30 = 1200$$

➡ 10, 20, 30……과 같이
10씩 커지는 수에 30을 곱하면
계산 결과는 ☐ 씩 커집니다.

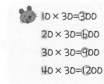

2.

$$30 \times 11 = 330$$
$$40 \times 11 = 440$$
$$50 \times 11 = 550$$
$$60 \times 11 = 660$$

➡ 30부터 60까지 수 중에서 일의 자리 수가 0인 수에
☐ 을 곱하면 백의 자리 수와 십의 자리 수가 같은
세 자리 수가 나옵니다.

3.

$$1980 \div 90 = 22$$
$$1760 \div 80 = 22$$
$$1540 \div 70 = 22$$
$$1320 \div 60 = 22$$

➡ 다음에 올 계산식은 $1100 \div$ ☐ $=$ ☐ 입니다.

4.

$$1111 \div 11 = 101$$
$$2222 \div 22 = 101$$
$$3333 \div 33 = 101$$
$$4444 \div 44 = 101$$

➡ 다음에 올 계산식은 ☐ $\div 55 =$ ☐ 입니다.

1. 계산식의 규칙에 따라 빈칸에 알맞은 식을 써넣으세요.

(1)

$$6 \times 104 = 624$$
$$6 \times 1004 = 6024$$

$$\boxed{}$$

$$6 \times 100004 = 600024$$
$$6 \times 1000004 = 6000024$$

(2)

$$121 \div 11 = 11$$
$$12321 \div 111 = 111$$
$$1234321 \div 1111 = 1111$$

$$\boxed{}$$

$$12345654321 \div 111111 = 111111$$

2. 규칙적인 계산식을 보고 물음에 답하세요.

순서	계산식
첫째	$12 \times 9 + 3 = 111$
둘째	$123 \times 9 + 4 = 1111$
셋째	$1234 \times 9 + 5 = 11111$
넷째	$12345 \times 9 + 6 = 111111$
다섯째	

(1) 계산식의 규칙을 써 보세요.

규칙 12, 123, 1234⋯⋯와 같이 자릿수가 하나씩 늘어난 수에 $\boxed{9}$ 를 곱하고

3, 4, 5⋯⋯와 같이 $\boxed{}$ 씩 늘어난 수를 더하면 111, 1111, 11111⋯⋯과

같은 결과가 나옵니다.

(2) 다섯째 빈칸에 알맞은 계산식을 써 보세요.

식 _____

(3) 규칙에 따라 계산 결과가 11111111이 되는 계산식을 써 보세요.

식 _____

1. 달력을 보고 밑줄 친 부분에 알맞은 식 또는 수를 쓰세요.

일	월	화	수	목	금	토
		1	2	3	4	5
6	7	8	9	10	11	12
13	14	15	16	17	18	19
20	21	22	23	24	25	26
27	28	29	30	31		

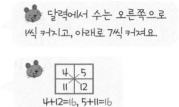

달력에서 수는 오른쪽으로 1씩 커지고, 아래로 7씩 커져요.

4+12=16, 5+11=16

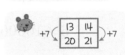

(1) 가로의 수의 배열에서 규칙적인 계산식을 써 보세요.

_____13+1=14_____ , _____14+1=15_____ , _____ ,

_____ , _____ , _____

(2) 세로의 수의 배열에서 규칙적인 계산식을 써 보세요.

_____20-13=7_____ , _____21-14=7_____ , _____ ,

_____ , _____ , _____

(3) 4+12=5+11이므로 15+23=16+_____입니다.

(4) 13+14=20+21-___14___ 이므로 23+24=30+31-_____입니다.

2. 달력을 보고 조건 을 만족하는 수를 찾아 쓰세요.

일	월	화	수	목	금	토
					1	2
3	4	5	6	7	8	9
10	11	12	13	14	15	16
17	18	19	20	21	22	23
24	25	26	27	28	29	30

조건
- ➕ 안에 있는 5개의 수 중 하나입니다.
- ➕ 안에 있는 5개의 수의 합을 5로 나눈 몫과 같습니다.

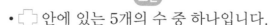

⭐ 수 배열표를 보고 ☐ 안에 알맞은 식이나 수를 써넣으세요.

210	230	250	270	290	310	330
220	240	260	280	300	320	340

1.

$$210+240=220+230$$
$$230+260=240+250$$
$$250+280=260+270$$
$$\boxed{}$$
$$290+320=300+310$$

🐭 연결된 세 수의 합은 가운데 있는 수의 3배예요.

2.

$$220+240+260=240\times\boxed{}$$
$$240+260+280=260\times\boxed{}$$
$$260+280+300=280\times\boxed{}$$
$$280+300+320=300\times\boxed{}$$
$$300+320+340=\boxed{}\times 3$$

3.

$$210+230+250=230\times\boxed{}$$
$$230+250+270=\boxed{}\times 3$$
$$250+270+290=270\times\boxed{}$$
$$270+290+310=\boxed{}\times 3$$
$$290+310+330=310\times\boxed{}$$

⭐ 보기 의 규칙을 이용하여 물음에 답하세요.

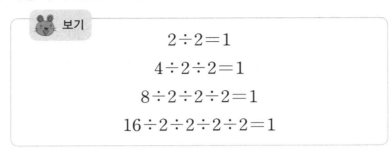

보기
$2 \div 2 = 1$
$4 \div 2 \div 2 = 1$
$8 \div 2 \div 2 \div 2 = 1$
$16 \div 2 \div 2 \div 2 \div 2 = 1$

1. 나누는 수가 3일 때의 계산식을 완성해 보세요.

계산식

$\boxed{} \div 3 = 1$

$\boxed{} \div 3 \div 3 = 1$

$\boxed{} \div 3 \div 3 \div 3 = 1$

$\boxed{} \div 3 \div 3 \div 3 \div 3 = 1$

2. 나누는 수가 5일 때의 계산식을 2개 더 써 보세요.

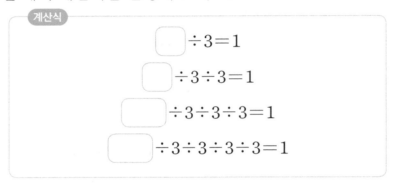

계산식

$5 \div 5 = 1$

$25 \div 5 \div 5 = 1$

3. 나누는 수가 6일 때의 계산식을 2개 더 써 보세요.

계산식

$6 \div 6 = 1$

$36 \div 6 \div 6 = 1$

⭐ 엘리베이터 버튼에 나타난 수의 배열에서 규칙적인 계산식을 찾아보세요.

🐻 가로로 같은 줄에 있는 세 수의 합은 6, 15, 24 ……로 9씩 커져요.

1.

16	17	18
13	14	15
10	11	12
7	8	9
4	5	6
1	2	3

계산식 1

① $1+2+3=6$

② $4+5+6=15$

③ $7+8+9=24$

④ _____

⑤ _____

⑥ _____

계산식 2

🐻 세로로 같은 줄에 있는 여섯 수의 합은 얼마씩 커지는지 알아보세요.

① $1+4+7+10+13+16=51$

② $2+5+8+$

③ _____

🐭 가로로 같은 줄에 있는 다섯 수의 합은 얼마씩 커지는지 알아보세요.

2.

26	27	28	29	30
21	22	23	24	25
16	17	18	19	20
11	12	13	14	15
6	7	8	9	10
1	2	3	4	5

계산식

① $1+2+3+4+5=15$

② $6+7+8+9+10=40$

③ _____

④ _____

⑤ _____

⑥ _____

1. 규칙적인 수의 배열에서 ■, ●에 알맞은 수를 구하세요.

| 4201 | 4302 | ■ | 4504 | ● | 4706 |

■ (   ), ● (   )

2. 빈칸에 알맞은 수를 써넣으세요.

| 5 | 25 | 125 | | 3125 |

규칙 5부터 시작하여 오른쪽으로 □ 씩 곱하는 규칙이 있습니다.

3. 도형의 배열에서 다섯째 오는 사각형은 몇 개인지 구하세요.

첫째   둘째   셋째   넷째

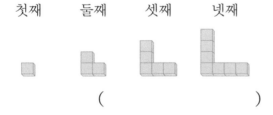

(   )

4. 계산식의 규칙에 따라 빈칸에 알맞은 식을 써넣으세요.

$$3800+700=4500$$
$$4800+700=5500$$
$$5800+700=6500$$

$$7800+700=8500$$

5. 오른쪽 계산식을 보고 다음에 올 계산식을 쓰세요.

$$99099÷99=1001$$
$$88088÷88=1001$$
$$77077÷77=1001$$
$$66066÷66=1001$$

(   )

6. 달력에서 ✚ 안에 있는 5개의 수 중 ✚ 안에 있는 5개의 수의 합을 5로 나눈 몫과 같은 수를 찾아보세요.

(20점)

일	월	화	수	목	금	토
	1	2	3	4	5	6
7	8	9	10	11	12	13
14	15	16	17	18	19	20
21	22	23	24	25	26	27
28	29	30	31			

(   )

7. 수 배열표에서 규칙적인 계산식을 찾아보세요. (30점)

19	20	21	22
15	16	17	18
11	12	13	14

계산식

① $11+12+13+14=50$

② _____

③ _____

나 혼자 푼다! 수학 문장제

4학년 1학기

정답 및 풀이

첫째 마당 · 큰 수

 01. 1000이 10인 수, 다섯 자리 수, 십만, 백만, 천만

10쪽

1. 1, 10, 100, 1000
2. 10
3. 10
4. 100
5. 1000
6. 10
7. 100
8. 1000

11쪽

1. 쓰기 80503, 8만 503
   읽기 팔만 오백삼
2. 쓰기 69020, 6만 9020
   읽기 육만 구천이십
3. 쓰기 5290000, 529만
   읽기 오백이십구만
4. 쓰기 27460000, 2746만
   읽기 이천칠백사십육만
5. 쓰기 83570000, 8357만
   읽기 팔천삼백오십칠만

12쪽

1. 생각하며 푼다! 976530
   답 976530
2. 생각하며 푼다! 5, 58621
   답 58621
3. 생각하며 푼다! 3, 38765421
   답 38765421

13쪽

1. 생각하며 푼다! 천, 0, 30468
   답 30468
2. 생각하며 푼다!
   예 만의 자리 숫자가 4인 다섯 자리 수를 만들면 4□□□□입니다. 따라서 □ 안에 나머지 수를 작은 수부터 차례로 써넣으면 구하는 수는 41279입니다.
   답 41279

3. 생각하며 푼다! 7, 1723569
   답 1723569

 02. 억과 조

14쪽

1. (1) 1만, 10만, 100만, 1000만
   (2) 10 (3) 100 (4) 1000
2. (1) 1억 (2) 1000만 (3) 100만
   (4) 10만 (5) 1만 (6) 1000
   (7) 100 (8) 10

15쪽

1. (1) 1억, 10억, 100억, 1000억
   (2) 10 (3) 100 (4) 1000
2. (1) 1조 (2) 1000억 (3) 100억
   (4) 10억 (5) 1억 (6) 1000
   (7) 100 (8) 10

16쪽

1. (1) 9억 8153만 4657
   (2) 19조 5804억 1279만 8600
   (3) 583조 742억 6583만 9135
2. (1) 652409200000000
   (2) 4852037690000000
   (3) 3002801945924

17쪽

1. 쓰기 324500000000, 3245억
   읽기 삼천이백사십오억
2. 쓰기 80617490028, 806억 1749만 28
   읽기 팔백육억 천칠백사십구만 이십팔
3. 쓰기 2156746380030000,
   2156조 7463억 8003만
   읽기 이천백오십육조 칠천사백육십삼억 팔천삼만
4. 쓰기 93284562943752,
   93조 2845억 6294만 3752
   읽기 구십삼조 이천팔백사십오억 육천이백구십사만 삼천칠백오십이

03. 뛰어 세기

1. 670000, 770000

   10만 (또는 100000)

2. 4991만, 5091만

   100만 (또는 1000000)

3. 402억, 422억

   10억 (또는 1000000000)

4. 59조, 61조

   일조, 1조 (또는 1000000000000)

5. 18조 8204억, 19조 204억

   천억, 1000억 (또는 100000000000)

1. 6137만, 6147만, 6157만, 6167만

   6167만

2. 4억 8500만, 4억 9500만, 5억 500만,

   5억 1500만,

   1000만씩 4번, 5억 1500만

3. 783조, 883조, 983조, 1083조, 1183조, 1283조,

   100조씩 6번, 1283조

4. 88조 930억

1. 생각하며 푼다! 100000, 150000, 200000, 250000,

   300000

   50000, 300000

   답 300000원

2. 생각하며 푼다! 40만, 60만, 80만, 100만, 120만

   20만, 120만

   답 120만 원

3. 생각하며 푼다! 36000, 56000, 76000, 96000,

   116000

   20000, 5달 후, 116000

   답 116000원

1. 생각하며 푼다! 1만, 5, 5

   답 5개월

2. 생각하며 푼다! 10만, 8, 8

   답 8개월

3. 생각하며 푼다! 20만, 10, 연필, 10

   답 10일

04. 큰 수의 크기 비교하기

1. 생각하며 푼다! 7, 4, 6, 6, 7, 8, 9

   답 7, 8, 9

2. 생각하며 푼다! 6, 3, 3, 3, 3, 0, 1, 2, 3

   답 0, 1, 2, 3

1. 생각하며 푼다! 높, 십만, 4, 3, 행복

   답 행복 도시

2. 생각하며 푼다! 많, 8, 7, ㉮

   답 ㉮ 공장

3. 생각하며 푼다! 백조, 6, 7, ㉯ 회사의 작년 매출액

   답 ㉯ 회사

1. 생각하며 푼다! 1, 6, 3, 245136

   답 245136

2. 생각하며 푼다! 3, 7, 4, 56347

   답 56347

1. 생각하며 푼다! 5, 4, 524, 1, 415, 2

    답 52431, 41532

2. 생각하며 푼다! 7, 6, 37, 64, 46, 73

    답 37564, 46573

05. 큰 수 문장제

26쪽

1. 생각하며 푼다! 백만, 5000000, 일억, 500000000,
   5000000, 500000000, 505000000

    답 505000000

2. 생각하며 푼다! 십억, 8000000000, 십만, 800000,
   8000000000, 800000, 8000800000

    답 8000800000

27쪽

1. 생각하며 푼다! 5, 4, 5, 4, 9

    답 9

2. 생각하며 푼다! 9, 6, 9, 6, 3

    답 3

3. 생각하며 푼다!

    예 백조의 자리 숫자는 7, 십억의 자리 숫자는
    9이므로 두 숫자의 합은 7＋9＝16입니다.

    답 16

28쪽

1. 생각하며 푼다! 5700, 5700, 5700, 5700

    답 5700장

2. 생각하며 푼다! 2300, 2300, 230, 230

    답 230장

3. 생각하며 푼다! 6190

    예 6190만은 10만이 619개인 수이므로 61900000
    원은 10만 원짜리 수표로 619장을 찾을 수 있습
    니다.

    답 619장

29쪽

1. 생각하며 푼다! 100, 10, 1000, 1000

    답 1000장

2. 생각하며 푼다! 10, 100, 1000, 1000

    답 1000장

3. 생각하며 푼다!

    예 100억의 100배는 1조이고, 1조의 10배는 10조
    이므로 10조는 100억의 1000배입니다.
    따라서 10조 원을 만들려면 100억 원짜리 수표
    는 모두 1000장이 필요합니다.

    답 1000장

단원평가 이렇게 나와요! 30쪽

1. 쓰기 47900, 4만 7900

    읽기 사만 칠천구백

2. 7465321

3. 3129억 5042만 7183

4. 쓰기 16092800000000, 16조 928억

    읽기 십육조 구백이십팔억

5. 100만 원(또는 1000000원)

6. 은빛 도시   7. 13

8. 6180장

7.
   ```
   371263982350000
     조  억  만  일
   ⇨ 371263982350000
   십조 ◂┛   ┗▸ 백억
   ```

   십조의 자리 숫자는 7, 백억의 자리 숫자는 6이므로
   두 숫자의 합은 7＋6＝13입니다.

8.
   ```
   618000000 ⇨ 6억 1800만
    억  만  일
   ```

   6억 1800만은 10만이 6180개인 수이므로
   618000000원은 10만 원짜리 수표로 모두 6180장을
   찾을 수 있습니다.

둘째 마당·각도

06. 각도의 합과 차 구하기

32쪽

1. 생각하며 푼다! 55, 125, 180, 125, 55, 70

    답 합: 180°, 차: 70°

2. 합: 165°, 차: 75°

3. 합: 180°, 차: 50°

33쪽

1. 생각하며 푼다! 45, 30, 45, 30, 75, 45, 30, 15

    답 합: 75°, 차: 15°

2. 합: 75°, 차: 35°

3. 합: 80°, 차: 50°

2. 각도기로 재어 보면 ㉠=55°, ㉡=20°입니다.

3. 각도기로 재어 보면 ㉠=15°, ㉡=65°입니다.

34쪽

1. 생각하며 푼다! 30, 60, 180, 60, 180, 240, 180, 60, 120

    답 합: 240°, 차: 120°

2. 합: 150°, 차: 30°

3. 합: 180°, 차: 120°

2. 3시를 나타내는 시각의 각도는 90°,
    10시를 나타내는 시각의 각도는 60°입니다.
    ⇨ 두 각도의 합: 90°+60°=150°,
        두 각도의 차: 90°-60°=30°

3. 1시를 나타내는 시각의 각도는 30°,
    7시를 나타내는 시각의 각도는 150°입니다.
    ⇨ 두 각도의 합: 30°+150°=180°,
        두 각도의 차: 150°-30°=120°

35쪽

1. 생각하며 푼다! 60, 45, 60, 45, 105

    답 105°

2. 생각하며 푼다! 90, 120, 120, 90, 30

    답 30°

3. 합: 135°, 차: 45°

3. 왼쪽 케이크 조각의 각도는 90°, 오른쪽 케이크 조각
    의 각도는 45°입니다.
    ⇨ 두 각도의 합: 90°+45°=135°,
        두 각도의 차: 90°-45°=45°

07. 삼각형의 세 각의 크기의 합 구하기

36쪽

1. 생각하며 푼다! 180, 180, 180, 90, 90

    답 90°

2. 생각하며 푼다!

    예 삼각형의 세 각의 크기의 합은 180°입니다.
        따라서 ㉠+㉡+70°=180°이므로
        ㉠+㉡=180°-70°=110°입니다.

    답 110°

3. 145°

37쪽

1. 생각하며 푼다! 180, 180, 90, 50

    답 50°

2. 생각하며 푼다!

    예 삼각형의 세 각의 크기의 합은 180°입니다.
        따라서 ㉠=180°-60°-90°=30°입니다.

    답 30°

3. 35°

1. 생각하며 푼다! 140, 40, 180, 180, 70, 180, 70, 40, 70

   답 70°

2. 95°

3. 생각하며 푼다! 150, 30, 180, 30, 55, 180, 180, 55, 125

   답 125°

1. 생각하며 푼다! 180, 180, 20, 80, 80

   답 80°

2. 생각하며 푼다!

   예 삼각형의 세 각의 크기의 합은 180°입니다.
   따라서 나머지 한 각의 크기는
   $180° - 65° - 85° = 30°$입니다.

   답 30°

3. 생각하며 푼다! 100, 35, 45, 85, 60, 35, 가

   답 가

08. 사각형의 네 각의 크기의 합 구하기

1. 생각하며 푼다! 360, 360, 360, 80, 90, 190

   답 190°

2. 생각하며 푼다!

   예 사각형의 네 각의 크기의 합은 360°입니다.
   따라서 ㉠+㉡=$360° - 70° - 125° = 165°$입니다.

   답 165°

3. 195°

1. 생각하며 푼다! 360, 360, 90, 90, 110, 70

   답 70°

2. 생각하며 푼다!

   예 사각형의 네 각의 크기의 합은 360°입니다.
   따라서 ㉠=$360° - 100° - 105° - 65° = 90°$입니다.

   답 90°

3. 130°

1. 생각하며 푼다! 125, 55, 360, 360, 80, 360, 80, 55, 90, 135

   답 135°

2. 생각하며 푼다!

   예 ㉡=$180° - 110° = 70°$이고,
   사각형의 네 각의 크기의 합은 360°이므로
   ㉠=$360° - 45° - 130° - ㉡$
   　=$360° - 45° - 130° - 70° = 115°$입니다.

   답 115°

3. 150°

1. 생각하며 푼다! 360, 360, 90, 45, 70, 155

   답 155°

2. 생각하며 푼다!

   예 사각형의 네 각의 크기의 합은 360°입니다.
   따라서 $360° - 135° - 85° - 110° = 30°$입니다.

   답 30°

3. 생각하며 푼다! 25, 95, 120, 120, 45, 140, 30, 145, 나

   답 나

단원평가 이렇게 나와요!

1. 합: 165°, 차: 45°　　　2. 60°

3. 130°　　　　　　　　　4. 115°

5. 70°　　　　　　　　　　6. 140°

7. 135°　　　　　　　　　8. 125°

셋째 마당·곱셈과 나눗셈

09. (세 자리 수)×(몇십), (세 자리 수)×(두 자리 수)

46쪽

1. 생각하며 푼다! 400, 60, 24000

   답 24000장

2. 생각하며 푼다! 800, 20, 16000

   답 16000 m

3. 생각하며 푼다! 300, 27, 8100

   답 8100원

47쪽

1. 생각하며 푼다! 282, 30, 8460

   답 8460 L

2. 생각하며 푼다! 630, 16, 10080

   답 10080원

3. 생각하며 푼다! 183, 9150,

   70, 35000,

   9150, 35000, 44150

   답 44150원

48쪽

1. 생각하며 푼다! 368, 16, 5888

   답 5888 km

2. 생각하며 푼다! 476, 22, 10472

   답 10472개

3. 생각하며 푼다! 585, 43, 25155

   답 25155 cm

49쪽

1. 생각하며 푼다!

   8, 7, 6, 3, 2,

   $$\begin{array}{r} 862 \\ \times\ 73 \\ \hline 62926 \end{array}, \begin{array}{r} 762 \\ \times\ 83 \\ \hline 63246 \end{array}, \begin{array}{r} 832 \\ \times\ 76 \\ \hline 63232 \end{array}, \begin{array}{r} 732 \\ \times\ 86 \\ \hline 62952 \end{array}$$

   762, 83, 63246

   답 762×83=63246

2. 생각하며 푼다!

   9, 6, 4, 1, 0,

   $$\begin{array}{r} 640 \\ \times\ 91 \\ \hline 58240 \end{array}$$

   640, 91, 58240

   답 640×91=58240

 ## 10. 몇십으로 나누기

50쪽

1. 생각하며 푼다! 400, 50, 8

   답 8상자

2. 생각하며 푼다! 630, 70, 9

   답 9상자

3. 생각하며 푼다! 한 상자에 담을 공책 수, 360, 90, 4

   답 4상자

51쪽

1. 생각하며 푼다! 15, 255

   답 255

2. 생각하며 푼다!

   예 나머지가 65가 되는 수는 90으로 나누어떨어지는 수보다 65가 큰 수입니다.

   따라서 360보다 큰 수 중에서 90으로 나누었을 때 나머지가 65가 되는 가장 작은 수는 425입니다.

   답 425

3. 540

1. 생각하며 푼다! 380, 60, 6, 20, 6, 20

   답 6칸, 20권

2. 생각하며 푼다! 225, 30, 7, 15, 7, 15

   답 7개, 15개

3. 생각하며 푼다! 316, 40, 7, 36, 7, 36

   답 7개, 36 cm

53쪽

1. 생각하며 푼다! 182, 30, 6, 2, 6, 2, 2, 7

   답 7일

2. 생각하며 푼다! 335, 40, 8, 15, 8, 15, 15, 9

   답 9대

3. 생각하며 푼다!

   예 624÷80＝7…64이므로 사탕을 7상자에 담고
   사탕 64개가 남습니다.

   따라서 남는 사탕 64개를 담으려면 한 상자가 더
   필요하므로 8상자에 모두 담을 수 있습니다.

   답 8상자

11. 몫이 한 자리 수인 (두, 세 자리 수)÷(두 자리 수)

54쪽

1. 생각하며 푼다! 96, 16, 6, 6

   답 6송이

2. 생각하며 푼다! 78, 13, 6, 6

   답 6 kg

3. 생각하며 푼다!

   예 92÷23＝4입니다.

   따라서 친구 한 명에게 색종이를 4장씩 나누어
   주어야 합니다.

   답 4장

55쪽

1. 생각하며 푼다! 130, 16, 8, 2, 8

   답 8상자

2. 생각하며 푼다! 178, 24, 7, 10, 7

   답 7상자

3. 생각하며 푼다!

   예 476÷52＝9…8입니다.

   따라서 한 상자를 가득 채워야 팔 수 있으므로 9
   상자까지 팔 수 있습니다.

   답 9상자

56쪽

1. 생각하며 푼다! 8, 5, 8, 112, 112, 5, 117

   답 117

2. 생각하며 푼다! 37, 6, 20, 37, 6, 222, 222, 20, 242

   답 242

3. 생각하며 푼다! 21, 5, 12, 21, 5, 105, 105, 12, 117,
   117, 6, 15

   답 몫: 6, 나머지: 15

57쪽

1. 생각하며 푼다! 작은, 큰, 작은, 346, 큰, 98, 346, 98,
   3, 52

   답 몫: 3, 나머지: 52

2. 생각하며 푼다!

   예 만들 수 있는 가장 작은 세 자리 수는 234이고,
   가장 큰 두 자리 수는 75이므로 234÷75＝3…9
   입니다.

   답 몫: 3, 나머지: 9

12. 몫이 두 자리 수인 (세 자리 수)÷(두 자리 수) (1)

58쪽

1. 생각하며 푼다! 18, 396, 18, 22, 22

   답 22상자

2. 생각하며 푼다! 32, 768, 32, 24, 24

   답 24송이

3. 생각하며 푼다!

   예 젤리 828개를 한 봉지에 46개씩 넣어서 포장하
   므로 828÷46=18입니다.
   따라서 젤리는 18봉지가 됩니다.

   답 18봉지

59쪽

1. 생각하며 푼다! 520, 42, 12, 16, 16, 13

   답 13대

2. 생각하며 푼다! 282, 18, 15, 12, 12, 16

   답 16번

3. 생각하며 푼다!

   예 675÷48=14…3입니다.
   따라서 나머지 3자루도 모두 포장해야 하므로 상
   자는 모두 15상자가 필요합니다.

   답 15상자

60쪽

1. 생각하며 푼다! 475, 12, 39, 7, 39, 7

   답 39자루, 7 kg

2. 생각하며 푼다! 396, 25, 15, 21, 15, 21

   답 15명, 21장

3. 생각하며 푼다!

   예 564÷32=17…20입니다.
   따라서 자른 색 테이프는 17도막이 되고, 남는 색
   테이프는 20 cm입니다.

   답 17도막, 20 cm

61쪽

1. 생각하며 푼다! 285, 23, 12, 9, 12, 9, 23, 9, 14

   답 14개

2. 생각하며 푼다! 614, 35, 17, 19, 17, 19, 35, 19, 16

   답 16개

13. 몫이 두 자리 수인 (세 자리 수)÷(두 자리 수) (2)

62쪽

1. 생각하며 푼다! 23, 12, 23, 368, 368, 12, 380

   답 380

2. 생각하며 푼다! 28, 41, 15, 28, 41, 1148, 1148, 15, 1163

   답 1163

3. 생각하며 푼다!

   예 어떤 수를 □라 하면
   □÷32=18…16에서
   32×18=576, 576+16=□, □=592입니다.

   답 592

63쪽

1. 생각하며 푼다! 24, 9, 24, 456, 456, 9, 465, 465, 19, 8835

   답 8835

2. 생각하며 푼다! 34, 18, 25, 34, 18, 612, 612, 25, 637, 637, 34, 21658

   답 21658

3. 9795

- -

3. 어떤 수를 □라 하면
   □÷15=43…8에서
   15×43=645, 645+8=□, □=653입니다.
   따라서 바르게 계산하면 653×15=9795입니다.

1. 생각하며 푼다! 큰, 654, 작은, 23, 654, 23, 28, 10

   답 몫: 28, 나머지: 10

2. 생각하며 푼다! 큰, 875, 작은, 12, 875, 12, 72, 11

   답 몫: 72, 나머지: 11

3. 생각하며 푼다!

   예 만들 수 있는 가장 큰 세 자리 수는 763이고,

   가장 작은 두 자리 수는 20입니다.

   따라서 763÷20=38…3입니다.

   답 몫: 38, 나머지: 3

1. 생각하며 푼다! 큰, 987, 작은, 12, 987, 12, 82, 3

   답 몫: 82, 나머지: 3

2. 생각하며 푼다!

   예 만들 수 있는 가장 큰 세 자리 수는 864이고,

   가장 작은 두 자리 수는 23입니다.

   따라서 864÷23=37…13입니다.

   답 몫: 37, 나머지: 13

3. 생각하며 푼다!

   예 만들 수 있는 가장 큰 세 자리 수는 975이고,

   가장 작은 두 자리 수는 23입니다.

   따라서 975÷23=42…9입니다.

   답 몫: 42, 나머지: 9

 단원평가 이렇게 나와요! 66쪽

1. 9800원　　2. 12772 km　　3. 8권, 6권

4. 5상자　　5. 18상자　　6. 13대

7. 19980　　8. 몫: 25, 나머지: 1

1. 350×28=9800(원)　　2. 412×31=12772 (km)

3. 326÷40=8…6　　4. 283÷60=4…43

5. 296÷16=18…8　　6. 461÷38=12…5

7. 어떤 수를 □라 하면 □÷37=14…22에서

　37×14=518, 518+22=□, □=540입니다.

　따라서 바르게 계산하면 540×37=19980입니다.

8. 876÷35=25…1

 넷째 마당·평면도형의 이동

14. 평면도형을 밀기, 뒤집기

1. 오른, 9

2. 왼쪽으로 10 cm만큼 밀어서 이동한 도형입니다.

3. 위, 6

4. 아래쪽으로 7 cm만큼 밀어서 이동한 도형입니다.

1. 오른, 5, 아래, 5

2. 왼쪽으로 6 cm 민 뒤 아래쪽으로 6 cm만큼 밀어서 이동한 도형입니다.

3. 오른, 4, 위, 5

4. 왼쪽으로 6 cm 민 뒤 위쪽으로 5 cm만큼 밀어서 이동한 도형입니다.

1. 오른

2. 왼쪽으로 뒤집었습니다.

3. 아래쪽으로 뒤집었습니다.

4. 위쪽으로 뒤집었습니다.

1. (1) 처음 모양과 같습니다

   (2) 아래

   (3) 왼

   (4) 오른, 왼

2. 방법1 왼, 위

   방법2 아래, 오른

72쪽

1. (1) 오른

  (2) 왼

2. (1) 아래

  (2) 아래

  (3) 같습니다

73쪽

1. (1) 90

  (2) 90

2. (1) 2(두), 같습니다

  (2) 같습니다

74쪽

1. (1) ㉰

  (2) ㉮

2. (1) ㉣

  (2) 90

3. (1) ㉯

  (2) 270

75쪽

1. 생각하며 푼다! 656, 959, 656, 1615

  답 1615

2. 생각하며 푼다!

  ㉠ 592가 적힌 카드를 시계 방향으로 180˚만큼 돌리면 265가 됩니다.

    따라서 두 수의 차는 592−265＝327입니다.

  답 327

76쪽

1. 뒤집기, 180,

  오른쪽으로 뒤집고 시계 반대 방향으로 180˚

2. 90, 오른,

  시계 방향으로 90˚만큼 돌리고 오른쪽

3. 뒤집기, 돌리기,

  위쪽으로 2번 뒤집고 시계 방향으로 90˚만큼 4번 돌리기

77쪽

1. 방법1 따라쓰기 시계 방향으로 90˚만큼 돌리기를 한 다음 아래쪽으로 뒤집었습니다.

  방법2 ㉠ 시계 반대 방향으로 270˚만큼 돌리기를 한 다음 위쪽으로 뒤집었습니다.

2. 90˚만큼, 위쪽 (또는 아래쪽)

78쪽

1. 오른쪽, 아래쪽, 뒤집어서

2. 시계 방향, 90˚, 뒤집어서

3. 시계 방향, 90˚, 오른쪽, 밀어서

79쪽

1. 밀어서, 아래 (또는 위)

2. 뒤집어서, 밀어서

3. 90, 오른, 아래 (또는 위), 밀어서

 단원평가 이렇게 나와요!   **80쪽**

1. 위, 6, 밀어서   2. 아래, 위

3. 270   4. 399

5. 270˚, 아래쪽

6. 아래쪽, 뒤집어서, 밀어서

4. 925−526＝399

다섯째 마당·막대그래프

17. 막대그래프, 막대그래프를 보고 내용 알아보기

82쪽

1. 운동

2. 학생 수

3. 좋아하는 운동별 학생 수

4. 1명

83쪽

1. 표

2. 막대그래프

3. (1) 표

   (2) 표

   (3) 막대그래프

84쪽

1. 생각하며 푼다! 5

   답 5 mm

2. 대전

3. 서울

4. 25 mm

5. 대구

85쪽

1. 테마파크

2. 테마파크

3. 테마파크

   이유 가장 많이 가고 싶어 하는

86쪽

1. 학생 수

2. 9칸, 13칸, 7칸, 8칸, 3칸

3.

예   좋아하는 간식별 학생 수

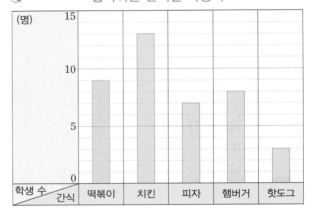

87쪽

4.

예   좋아하는 간식별 학생 수

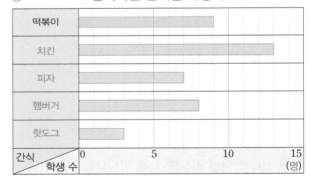

5.

예   좋아하는 간식별 학생 수

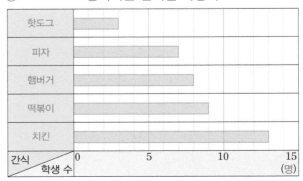

1.

가 보고 싶은 나라별 학생 수

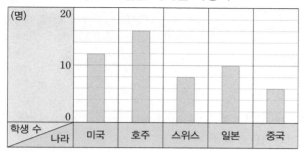

2. 생각하며 푼다! 5, 5, 2

답 2명

3. 호주, 미국, 일본, 스위스, 중국

1.

마을별 초등학생 수

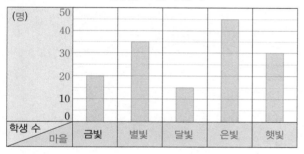

2. 생각하며 푼다! 2, 5

답 5명

3. 은빛 마을, 달빛 마을

19. 자료를 조사하여 막대그래프 그리기, 막대그래프로 이야기 만들기

1. 모둠

2. 50회

3.

모둠별 줄넘기 수

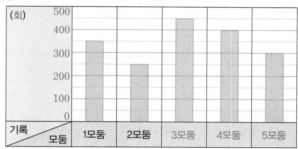

4. (1) 3모둠, 2모둠

(2) 100회, 100회 더 많습니다.

1. 19명, 16명

2. 3명

3. 지아

---

2. 2015년 지아네 마을 초등학교 입학생 수: 16명

2015년 현서네 마을 초등학교 입학생 수: 13명

➡ 16 − 13 = 3(명)

1. 유도·레슬링: 11개, 배드민턴: 6개,

양궁: 24개, 사격: 7개,

태권도: 12개, 펜싱: 4개

2. (1) (×)

(2) (○)

(3) (○)

(4) (×)

1.

예 학생들이 체험해 보고 싶은 올림픽 경기 종목

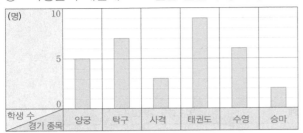

2. 태권도

이유 예 가장 많은 학생들이 체험해 보고 싶은 종목
이기 때문입니다.

 단원평가 이렇게 나와요! 94쪽

1. 막대그래프   2. 2명

3. 여름   4. 6명

5. 학생 수   6. 7칸

7. 풀이 참조   8. 막대그래프

7.

예   기르는 애완동물별 학생 수

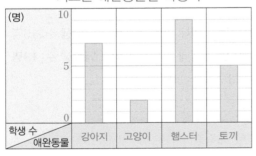

20. 수의 배열에서 규칙 찾기

96쪽

1. (1) 100
   (2) 100

2. (1) 1000
   (2) 1000

3. (1) 1100
   (2) 1100

97쪽

1. ■＝2295, ●＝2495

2. ■＝1437, ●＝1639

3. 32013,
   10001, 10001, 32013

98쪽

1. 1418, 60, 10

2. 6263, 100

3. 64, 2, 2

4. 1458, 3, 3

99쪽

1. 5

2. 0

3. 8, 일

4. 일

5. 6

6. 0

100쪽

1.
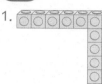

아래, 1

2.
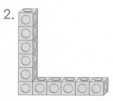

오른쪽으로 1개씩

101쪽

1.

3, 4

2.

시계, 5, 7

102쪽

1.
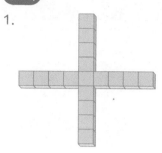

1, 5, 9, 13, 17,

1

2.
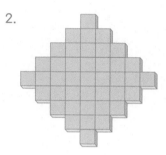

1, 5, 13, 25, 41,

12, 16

103쪽

1.
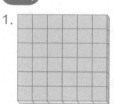

1, 4, 9, 16, 25

생각하며 푼다! 6, 6, 6, 6, 36

답 36개

2.
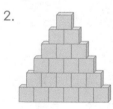

1, 3, 6, 10, 15

생각하며 푼다! 6, 21

답 21개

104쪽

1. 100, 806, 959

2. 20

3. 같은, 일정

4. 10, 203, 442

105쪽

1. (1) $900+4400=5300$

   (2) $42000-8000=34000$

2. (1) 100, 100, 100

   (2) $600+900-700=800$

   (3) $800+1100-900=1000$

106쪽

1. 300

2. 11

3. 50, 22

4. 5555, 101

107쪽

1. (1) $6\times10004=60024$

   (2) $123454321\div11111=11111$

2. (1) 9, 1

   (2) $123456\times9+7=1111111$

   (3) $1234567\times9+8=11111111$

23. 규칙적인 계산식 찾기

108쪽

1. (1) 예 $13+1=14$, $14+1=15$, $15+1=16$,
       $16+1=17$, $17+1=18$, $18+1=19$

   (2) 예 $20-13=7$, $21-14=7$, $22-15=7$,
       $23-16=7$, $24-17=7$, $25-18=7$,
       $26-19=7$

   (3) 22

   (4) 14, 14

2. 20

109쪽

1. $270+300=280+290$

2. 3, 3, 3, 3, 320

3. 3, 250, 3, 290, 3

110쪽

1. 3, 9, 27, 81

2. 예 $125\div5\div5\div5=1$,
      $625\div5\div5\div5\div5=1$

3. 예 $216\div6\div6\div6=1$,
      $1296\div6\div6\div6\div6=1$

111쪽

1. 계산식 1

   ③ $7+8+9=24$

   ④ $10+11+12=33$

   ⑤ $13+14+15=42$

   ⑥ $16+17+18=51$

   계산식 2

   ② $2+5+8+11+14+17=57$

   ③ $3+6+9+12+15+18=63$

2. ② $6+7+8+9+10=40$

   ③ $11+12+13+14+15=65$

   ④ $16+17+18+19+20=90$

   ⑤ $21+22+23+24+25=115$

   ⑥ $26+27+28+29+30=140$

 단원평가 이렇게 나와요! **112쪽**

1. ■: 4403, ●: 4605

2. 625, 5

3. 9개

4. $6800+700=7500$

5. $55055\div55=1001$

6. 23

7. ② $15+16+17+18=66$

   ③ $19+20+21+22=82$